100款
趣味装饰饼干

100 BEST
DECORATED COOKIES

100款
趣味装饰饼干

【加】朱莉·安妮·汉森 著

国 辉 译

750张分步骤操作图片

電子工業出版社
Publishing House of Electronics Industry
北京·BEIJING

100 Best Decorated Cookies
Text copyright © 2013 Julie Anne Hession
Photographs copyright © 2013 Robert Rose Inc.
Cover and text design copyright © 2013 Robert Rose Inc.

Simplified Chinese edition copyright:
2015 Publishing House of Electronics Industry
All rights reserved.

版权贸易合同登记号　图字：01-2015-0636

图书在版编目（CIP）数据

100 款趣味装饰饼干 /（加）汉森（Hession,J.A.）著；国辉译 . —北京：电子工业出版社，2016.1
书名原文：100 best Decorated Cookies

ISBN 978-7-121-27497-8

Ⅰ．①1… Ⅱ．①汉… ②国… Ⅲ．①饼干—制作 Ⅳ．① TS213.2

中国版本图书馆 CIP 数据核字（2015）第 262145 号

策划编辑：王秋墨（wangqiumo@phei.com.cn）
责任编辑：王秋墨
特约编辑：孙　鹏
印　　刷：北京顺诚彩色印刷有限公司
装　　订：北京顺诚彩色印刷有限公司
出版发行：电子工业出版社
　　　　　北京市海淀区万寿路 173 信箱　邮编　100036
开　　本：889×1194　1/16　印张：16　字数：461 千字
版　　次：2016 年 1 月第 1 版
印　　次：2016 年 1 月第 1 次印刷
定　　价：138.00 元

凡所购买电子工业出版社图书有缺损问题，请向购买书店调换。若书店售缺，请与本社发行部联系，联系及邮购电话：（010）88254888。
质量投诉请发邮件至 zlts@phei.com.cn，盗版侵权举报请发邮件至 dbqq@phei.com.cn。
服务热线：（010）88258888。

目录

致谢 7
序言 9

第一部分：准备工作
第一章：工具、原料和技巧 13
第二章：饼干面团和糖霜配方 35

第二部分：装饰饼干
第三章：饼干之季节篇 51
第四章：饼干之儿童篇 105
第五章：饼干之派对篇 185

模板 251
来源指南 253
索引 255

谨以此书献给我的父亲母亲

——你们给了我第一根擀面杖并教我如何烘焙糕点。别人总是狼吞虎咽地"吞下"我的作品,这让我感到我是世界上最优秀的烘焙师。

致谢

　　这本书如果没有这么多有才能的人对我的支持就不会出版。他们将本书中的750多张照片做得精美清晰——这可不简单，他们让我的书稿变得简洁而且有逻辑性，他们对我创作的每个作品的热情评论一直激励着我。感谢大家，感谢你们每一个人——我想送给你们每人好多我烘焙的饼干。

　　给我的编辑苏·苏莫拉治：和你一起工作非常愉快。虽然我喜欢早起，你喜欢晚睡，可是我们的联系总是这么及时（3个小时的时差帮助很大）。你的经验和观点帮助我从大量的信息中整理并完成了这本让读者容易使用的书，这个过程也让我从你身上学到了许多。下次去多伦多我一定要和你打一次台球。

　　给鲍勃·迪斯，当我一开始有了这个写书的主意的时候，是你对我装饰饼干方面能力的信任让我能够坚持并写下去，同时，写书过程中你还对我的投入和付出给出了极高的评价。感谢你，你给了我自由和额外的时间，让我可以自由灵活地把我的想法变成了最终的100个设计作品。我们确实是选对了设计！

　　给约瑟夫·吉斯尼，我相信你在花费无数个小时处理完这本书上的照片后终于可以好好睡一觉了。感谢你和页浪图像公司团队，你的团队对协调书稿各个版块做出了很大努力，感谢你们每个人为了能达到最好的效果而密切配合工作，感谢你们做出的贡献！

　　感谢苏西·伊顿和她的团队，感谢你们对于书稿的排版及在盐湖城和拉斯维加斯一连数天辛勤不懈的工作。也感谢杰夫·格林和他的团队在每个步骤照片和题头照片上面做出的伟大的工作——很幸运可以找到你们！

　　感谢玛丽安·扎克维切德对这本书销售和发行的支持，也感谢马丁·奎贝尔对本书的出版和处理公共关系所做出的贡献。能与你们两个合作是我莫大的荣幸！

　　布雷特、丽莎、蒂娜、卡米拉，感谢你们作为我烘焙饼干"讨论小组"的成员提出的真诚、有益的反馈意见。我很庆幸可以通过我们这个疯狂的小烘焙比赛遇到如此优秀的团体。

　　感谢布兰迪·法勒在布兰迪营销中为我的网站和社会媒体广告方面持续创造的美好而富有创意，并且考虑周到的内容（也再次感谢我们之间的友谊）。

感谢我的朋友、以前的客户和我的博客"花生酱和朱莉"的读者。当我打开一满盒使用我博客上的新设计做成的装饰饼干后，你们欣喜的反应给了我信心并把这一想法变成了这样一本书。感谢所有其他烘焙博客的博主和装饰饼干爱好者们，你们一直用你们华丽、可爱和完美的创造作品激励着我，并且教会我很多有用的窍门和技巧！

妈妈，感谢你通过一年一度的为圣诞老人做饼干这样的节日传统来激起我对装饰饼干的兴趣。杰伊，因为你总是在我身边装饰饼干，我可以把我知道的糖霜和撒末技巧归功于你。爸爸，谢谢你如此热衷于欣赏我在进行书稿创作过程中制作的样品——也感谢你总是非常愿意去品尝这些样品！

最后，感谢我的丈夫艾瑞克在我完成整个书稿过程中对我的支持和鼓励。他允许我（再次）将厨房变成我的"办公室"。正当大家认为在我的第一本食谱书里出现的面粉、调味料等成为过去的事情的时候，现在又有了第二本书——厨房的餐桌上放着的成堆的装饰饼干！我相信读者肯定会喜欢上其中两三个我的饼干样品——即使你不吃甜食——这将成为我不断创造的终极动力。

序言

我最初的关于装饰饼干的记忆是从我三岁那年的圣诞节开始的。每个圣诞节，我妈妈都会用容易清洗的布盖上我们的餐桌，餐桌上面的托盘里面盛的是一些袜子、圣诞树、雪人和天使形状的饼干。托盘旁边的碗里面盛着在糖果店买到的糖粉和牛奶糖霜，颜色有红色、绿色、蓝色、黄色和白色。我的哥哥杰伊和我会用钝的黄油餐刀将它们在饼干上面涂抹厚厚的几层。最后画龙点睛的工作是用彩色的糖粉末、巧克力碎片、砂糖等在饼干上面进行点缀，不过其中一多半都散在了地板上。虽然我们努力做成的饼干算不上艺术品（一个黄绿相间的雪人确实独特），我们主要的动机是要吃掉我们的饼干——或许保存几个给圣诞老人和他的驯鹿吧。

虽然我涉足饼干装饰已经多年，直到我在拉斯维加斯开了一家名叫"朱莉·安妮"的面包和食品专卖店的时候，装饰饼干才真正引起我的注意。我的一个经理梅雷迪思是科班出身，她在烘焙的所有方面都非常熟练。因为我是完全自学，我经常通过观察她的工作而学习到新技术。梅雷迪思过去常制作美丽的蝴蝶和花卉的装饰饼干在店里出售。正是通过她，我学会了使用蛋白糖霜来装饰饼干的基本技巧。梅雷迪思，你可能不知道所有这一切，不过还是要谢谢你！

我很想说我从一开始就是一名富有才华的装饰饼干师，但是我不能。我的浇饰技术忽好忽差，我还把握不好糖霜的浓稠度。尽管这样，我仍然爱尝试新的饼干设计。可以看到，我在做每一批饼干时，我的技巧都有所提高。一旦有了新的饼干形状想法，我就想方设法将它付诸实施，我非常享受这样一个创造过程。慢慢地，朋友开始让我为他们的迎婴聚会制作婴儿连体衣饼干（第208页）或为他们女儿的生日聚会上制作闪光的芭蕾短裙饼干（第116页），这对于我来说就是最好的赞扬了。

我不记得有多少次我向人展示我制作的装饰饼干时，他们的反应是："哇！做这些饼干要花很多时间吧。我永远不可能做出来。"我总是说，其实真的没有那么难做，只要稍微多花一点时间，多一点练习就可以了，可他们总是用"真的吗"这样怀疑的表情来回应我。但这确实是真的！我保证。

本书的目标是完全消除大家对蛋白糖霜、裱花袋、翻糖和亮粉使用的恐惧（真的，我感觉亮粉的使用真的没有那么复杂和让人感到恐惧）。无论是第一次装饰饼干，还是一个有经验的烘焙师，每个人都可以通过本书变成一个装饰饼干高手。本书中没有"禁区"，我希望人们看到这本书中列出的所有设计，无论是简单的篮球灌篮（第162页）还是时髦的法国画家（第231页），会发现这些都可以做出来，而且还很有乐趣。在炫耀你完成的作品时，你肯定会欣然自得地说："嘿！这是我做的！"

  100个饼干的设计，也包含了各种类型的面粉，从全麦和花生酱的各个品种到无麸和素食主义者的选择需求，一应俱全。你可以根据自己的口味和兴趣将各种形状的饼干、各种面粉和各种糖霜进行混合搭配。例如，可以用薄荷蛋白糖霜（第47页，花样小变动）装饰黑巧克力甜饼干（第40页）。

  在本书的第一章里详细地介绍了需要配备的工具和掌握的技巧。而且每个饼干设计都有一步一步的具体操作照片，你会很惊讶能如此轻松地做出这些饼干。你可以把它们作为体贴的个性化礼物、私人聚会上的一个小焦虑、你的学校义卖时吸引眼球的一项作品，或只是家里一个特别的加餐。

  你会觉得这些装饰饼干太漂亮了而舍不得吃——最后还是几乎都吃了。

第一部分

准备工作

第一章
工具、原料和技巧

工具 14
主要原料 19
饼干装饰技巧 22
准备装饰 32
饼干的包装和运送 33
疑难问题解决办法 34

工具

有了下面这些工具和用品的帮助，装饰饼干的过程会容易很多。有些工具可能需要你去当地的手工制作或烘焙用品店购买，有些工具可能在你家的厨房里（或家里的其他地方）就可以找到。你也可以参照来源指南（第253页）找一些网店来购买。

电动搅拌机

我喜欢用我信赖的立式搅拌机来制作饼干面团和蛋白糖霜。当我要烤很多饼干的时候，它可以足够强大，一次制作两炉饼干的面团，它那灵巧的搅拌器可以搅打出蓬松的糖霜，而我只需站在那里看着它工作就好！如果没有立式搅拌机，手持式搅拌机做起糖霜来也很棒，尽管很可能要多花些时间才能达到合适的浓稠度。

饼干切模

一旦你开始收集饼干切模就很难停下来（相信我，我知道的）。幸运的是，我现在已经拥有多得令人难以置信的饼干切模，形状、大小甚至价格都各不相同、琳琅满目。如果你能想出一个饼干主题，那么极有可能是你已经有了一个这样的饼干切模。请参照来源指南（第253页）找一些饼干切模卖家。

大多数的饼干切模是由三种材料制作而成的：铜、锡或者塑料。铜制的饼干切模一般来说是最坚固耐用的，但是也是最贵的。如果你想要购买铜制饼干切模，那么我建议你挑选一些经常用到的造型，比如姜饼人、心形或者长方形。锡制饼干切模和塑料饼干切模很便宜，一美元就可以买到一个。这两种材质，我更喜欢锡制的切模，因为锡制切模边缘更锋利，所以可以切得更精致。但是当你和孩子们一起制作比如A-B-C字母棒棒糖饼干（第184页）之类的造型的时候，手头有塑料的切模会很好。

本书中的一些图案要用到大小不同的各种圆形切模，所以手头上有一套大小不同的圆形切模是非常有用的。也就是说，你也可以有创造性地利用你家厨房里已有的东西！圆形的水杯、饼干切模甚至是瓶盖都可以派上用场。

在一些图案中经常用到迷你切模，把它放在擀好的翻糖上压出造型，以此来添加层次和细节。你可以在当地的手工制作用品店或网上找到一些便宜的主题系列的饼干切模（秋季主题、圣诞主题、婴儿主题）。除了装饰饼干，这些切模也可以用来装饰各种派皮。

饼干切模用完后要用肥皂水清洗干净，而且一定要在完全干了之后再收起来放好，这样才不会生锈。如果你的饼干切模不多，一个简单的收纳箱或者一个固定的抽屉就可以容纳，但是如果你收集的饼干切模多到数以百计（像我的一样），那么你或许需要更好的方式来收纳。否则，要想找到你需要的饼干切模那是几乎

使用手持式搅拌机制作饼干面团

如果你没有立式搅拌机，那么制作面团时你可以用手持式电动搅拌机来混合液体（我大多数制作过程中的第2步），但是把面粉混合物拌入液体中的时候，要用手拿一个结实的木勺来搅拌。

不可能的。我在车库里找了个地方专门存放饼干切模，把它们分类悬挂在几条长长的金属杆上，像你在零售店里看到的陈列品一样。

裱花袋

裱花袋，也叫浇饰袋，本书中几乎每一个图案的制作都要用到。裱花袋有两种，一次性的和可以反复使用的，并且有很多种型号。装饰饼干，我常用的是30厘米的一次性裱花袋，因为这种裱花袋清理起来更容易。如果你打算进行大量的装饰，那么买100个裱花袋是最划算的。

使用大的拉链袋代替裱花袋来救急也相当不错，但是拉链袋不耐用，所以我不建议经常使用。只需剪掉拉链袋的一个角你就可以装上裱花嘴（见"填充裱花袋"，第24页）。

连接器

连接器是把裱花嘴连接到裱花袋上的两件套塑料工具。虽然浇饰不是必须用连接器，但是我觉得连接器从两个方面来讲还是有用的。第一，如果你想在装饰过程中更换裱花嘴，用连接器可以更简单更干净。第二，装上连接器的裱花袋要比直接装裱花嘴的裱花袋漏的少。连接器不贵，通常是四个一包。我建议在你的饼干工具箱里有8~12个就够用了。

裱花嘴

裱花嘴有金属的，也有塑料的。我只使用金属裱花嘴（除了在需要挤压的情况下），因为金属裱花嘴似乎比塑料裱花嘴能更好地保持造型。裱花嘴在装饰饼干的整个过程中都要用到，从勾画轮廓到填充到一些精致的细节装饰。有些甚至还可以用作模具来压制翻糖造型，比如生日宴会帽（第106页）制作时就用到了。尽管裱花嘴大小不同、形状各异，但是制作本书中的图案你只需用到以下几种：

- **1号圆形裱花嘴**：用来拉出很细的线条，进行精美的细节装饰。
- **2号圆形裱花嘴**：常用来浇饰，进行细节装饰，安装在塑料挤压瓶上。
- **3号圆形裱花嘴**：拉出略粗一点的线条。
- **5号圆形裱花嘴**：制作吃奶酪的老鼠（第124页）图案时用来压制翻糖。
- **10号圆形裱花嘴**：0.5厘米的裱花嘴，用来压出细节部分。
- **13号**：小号星形裱花嘴，在一块蛋糕（第108页）图案中用来进行细节装饰。
- **66号或67号**：小号叶形裱花嘴。

挤压瓶

过去我装饰饼干时，用裱花袋来勾画轮廓，用碗来填充表面。后来我买了一套塑料挤压瓶，并且开始使用两步糖霜（见第24页）。挤压瓶和两步糖霜能够让你不用更换工具就可以勾画轮廓和填充造型。

我喜欢（并且建议）买那种专门用来进行装饰的挤压瓶，这种挤压瓶都带有

模板

本书中收集的一些图案，比如画家的调色板（第234页），制作时就用到了模板，没用切模。有的模板用来制作饼干的造型，有的模板用来装饰细节。如果我想起一个饼干图案，但是又找不到切模（极少出现，但是也会发生），就会自己制作一个模板，要么通过现有的图库，要么亲手去画。你会在第251~252页上看到我的模板，在第32页上看到制作模板的一些细节。

连接器和塑料裱花嘴（可以更换其他金属材质的裱花嘴）。你可以用普通的挤压瓶，比如你可能在餐馆用品店里找到的那种，但是一般来说，这种挤压瓶的裱花嘴填充要比拉直线好用。我有15厘米和20厘米的挤压瓶，用哪种瓶子取决于我用到的糖霜的量。

烤盘纸

我总是在烤盘上铺上烤盘纸，而不是用Silpat（法国产的一种烘焙用硅胶垫），或者在烤盘纸上稍微抹点油，因为我发现这样烤出来的东西恰到好处。几年前，我在经常去的那家厨房用品店买了一大盒烤盘纸（1000张），因为杂货店里小盒装的那种总是很贵。我不建议你这样做，除非你经常烤东西（或者你可以和朋友合买一盒），但是如果你经常烤东西的话，这样真的很省钱。

小碗

手边准备一些可以用洗碗机洗的小碗来调制各种颜色的糖霜。我是在一家一元店买的这些小碗。如果你可以找到那种带一个小嘴的碗，那么把糖霜倒进挤压瓶里会更容易一点。我的碗都没有嘴，凑合用吧，但是我总是会随时留意那种便宜的带嘴的小碗！

湿毛巾

装饰饼干时手边要准备一些湿毛巾——可能到处都会很乱！你会发现你要不断地擦拭表面、碗和手，好让颜色和装饰别搞错了地方。用湿毛巾来盖一下装糖霜的大碗也不错，免得它表面结成一层硬皮。

剪刀

我的装饰工具中有一把锋利的小剪刀，用它来剪掉裱花袋的角。

橡皮筋

我已经练就了第六感，能在房子里找到遗漏的橡皮筋，而我似乎在需要用到它们时却从来没有找到过！橡皮筋可以用来绑住裱花袋不带裱花嘴的那一头，这样糖霜就可以好好装在袋子里（而不会搞得你手上到处都是）。用橡皮筋把裱花袋口多缠几圈，这样就封结实了。扎口带也可以起到这个作用，但是我发现橡皮筋更好用。

一次性手套

当你开始给翻糖染色的时候，一次性手套将是你新的好朋友。啫喱状色素会沾到你手上而且很难弄掉，所以当你要揉捏带颜色的东西时，要买一包一次性手套。我在餐馆用品店发现一些便宜的手套，在大多数杂货店的清洁用品区也都可以找到。

烤盘纸的方便用途

当你往饼干上撒一些闪光装饰品的时候，可以在台面上铺一层烤盘纸。它会接住多余的装饰品，你可以把它们重新装到瓶子里。在进行装饰的过程中，我也会把装饰好的或者还没完全装饰好的饼干放在铺了烤盘纸的烤盘上，而不是把它们直接放在烤盘上。

擀面杖

我建议手头有两根擀面杖,其中一根是标准尺寸的,用来擀饼干面团。我的擀面杖是细长的锥形擀面杖,这是我所见过的最容易使用和储存的擀面杖了。另外,有一根小号20~23厘米的硅胶或木制的擀面杖也是很有用的,用它来擀一些小片的翻糖要容易得多。你可以在手工制作用品店或烘焙用品店的糕点装饰区找到这些小号擀面杖。

烤盘

如果你想要烤很多饼干,手头要准备3~4个普通的烤盘。这样的话,烤箱里有两个烤盘,同时你还可以继续做饼干放到另外两个烤盘上,烘焙环节就不用停下来。也就是说,两个烤盘刚刚够用。你可以用手头的任何烤盘来做书中提到的这些饼干,但是我喜欢那种耐用的无边铝制半片烤盘。铝制烤盘导热快并且均匀,而深色的烤盘会很快让饼干烤得焦黄。

冷却架

普通的冷却架可以让饼干冷却得比放在烤盘上快。冷却架在装饰过程中也是有用的,在冷却架上可以铺一层烤盘纸放冷却的饼干。往饼干上撒装饰糖粒或者亮粉时,可以把多余的东西抖落到烤盘纸上,这是个节省珍贵的装饰用料的好办法!

镊子

我建议买一把镊子放在你的装饰工具中。你可以用它在还没干的糖霜上添加一些小的装饰,比如银色糖豆、白色可食用珍珠或者小的翻糖蝴蝶结。手指通常太大了,无法漂亮精确地完成此类工作。

牙签

牙签用来在未干的糖霜上制作一些拉丝图案(见第29页),牙签细细的尖很容易在很小的地方进行操作。我的装饰工具箱中就放着一盒牙签。

美工刀

尽管一把锋利的小刀也可以,但是美工刀更小更锋利(像剃刀一样锋利),因此在切翻糖、画模板的时候美工刀是更好的选择。美工刀刀身上有一个小的倾斜的像剃刀一样的刀刃。你可以在种类齐全的手工制作用品店的烘焙区找到美工刀。如果那里找不到,到附近的缝纫用品区或者剪贴工具区去找。美工刀不建议儿童使用,而且存放的时候要一直盖上刀帽。

保鲜膜

我在厨房用品店买了一大卷保鲜膜,所以我总是随时有的用。我用它来包裹面团,覆盖盛糖霜的碗,也可以用它来包裹翻糖使其不变干。

玉米淀粉

本书中，玉米淀粉用作工具要比用作原料还多。当你用到黏糊糊的翻糖时，玉米淀粉就派上用场了。翻糖中揉入啫喱状色素时，加上少量的玉米淀粉揉起来会容易一些，而且在台面上稍微撒少许玉米淀粉，擀起翻糖来会更容易。糖粉可以代替玉米淀粉。

直尺

我用一把普通的15~30厘米的直尺和美工刀在擀好的翻糖上切出笔直的边，画出在饼干上使用的直线模板。线条拉得笔直的时候，装饰的饼干看上去会好很多，这真奇妙！

可食用记号笔

你知道有可食用的记号笔吗？确实有，而且特别棒！这个名字会引起一点误解——记号笔是不能吃的——但是里面的墨水真的可以吃，而且还可以画到饼干或者干了的糖霜上。当没有必要使用裱花袋浇饰时，我用这些记号笔来处理一些细节，比如木乃伊捣蛋鬼（第76页）的袋子。可食用记号笔也可以代替美工刀来画模板，只需在记号笔画出的线条上浇饰即可，就像你在美工刀画出的线条上浇饰一样。

食品刷

小号的食品刷在你往饼干上刷亮粉的时候会派上用场（你知道我特别喜欢）。我建议准备2~4把大小不同的刷子——至少两把，因为一把要保持干燥来刷干的金属色泽亮粉，另一把用来蘸水刷饼干表面或者涂抹湿的金属色泽亮粉。

棒棒糖饼干棒

本书收集的配方中只有一款棒棒糖饼干（第184页），但是你当然可以把这一手法用到本书中提到的任何一款基础花样中（比如第203页的"新婚"小汽车）。棒棒糖饼干棒也可以用来做棒棒糖蛋糕和棒棒糖派，一般来说大约15厘米长，是用纸做成的，在手工制作用品店或者种类齐全的杂货店的烘焙用品区都可以找到。

纹理印模

纹理印模，在婚礼蛋糕（第200页）图案中用到过，可以用来在翻糖上印出纹理，然后再贴到饼干上。在塑料的纹理垫上喷少许防粘烹饪喷雾，接着放在翻糖上面，用擀面杖轻轻擀一下，翻糖上就可以印出垫子上的纹理了。纹理印模图案众多，在种类齐全的手工制作用品店的烘焙区或者网上（见第253页来源指南）都可以找到。尽管纹理印模确实是比较特殊的工具，但是用它来制作一些特殊场合的饼干是很有趣的事情。

主要原料

一旦你开始尝试装饰饼干，你会发现拥有一整套装饰用的原料将会让你随心所欲地发挥创造力。这块连衣裙饼干我该做成什么颜色呢？我该用亮粉还是用金属光泽亮粉呢？粉红色的翻糖丝带怎么样？即便如此，你也没有必要倾尽所有买到下面列出的每一样东西来创作出叹为观止的作品。我收集的这些是已经积攒了好几年的了，因为我一次就买一两样东西（好吧，或许我有过几次狂购烘焙用品的经历），直到有一天我不得不在厨房里开辟一个饼干装饰专区！

基础饼干面团

- **面粉**：本书中提到的所有饼干，除了无麸甜饼干（第37页）之外，都是用中筋粉制作而成的。
- **黄油**：本书中除了使用素食黄油制作的素食甜饼干（第38页）之外，所有饼干都是用无盐黄油制作而成的。我喜欢用无盐黄油，因为它能让你控制好你配方中的盐量（含盐黄油中盐的含量多少不等）。另外，无盐黄油往往更新鲜，保存期限更短，因为盐可以帮助储存。所有配方中用到的黄油都要保持在室温状态。
- **鸡蛋**：所有的饼干配方中（除了素食甜饼干之外）都用到大号鸡蛋和蛋黄。
- **橙子皮或柠檬皮**：一些配方在面团里用到了橙子皮或柠檬皮。我喜欢在很多饼干中加入这些皮，因为它为这些香甜的配方增色不少。但如果你不喜欢，也可以将所有配方中的橙子皮或柠檬皮都去掉。

糖粉

在制作本书中的图案时你会经常用到糖粉，它是用来制作经典蛋白糖霜（第47页）和素食蛋白糖霜（第48页）的主要原料。经典蛋白糖霜需要1公斤糖粉，相当于普通装的两盒或者一袋。素食蛋白糖霜要用两倍的量。

蛋清粉

蛋清粉中含有粉末状蛋白、玉米淀粉和稳定剂，它是让蛋白糖霜打发和变干的主要成分。尽管有人用生蛋白或者粉末状蛋白来制作糖霜，而我只使用蛋清粉，因为我发现这样做出来的糖霜是最稳定的（很多人不喜欢用生蛋白）。你可以在大多数的手工制作用品店的烘焙区找到蛋清粉，但是我通常是大批量网购或者在烘焙用品店买，因为这样时间长了会省钱。

调味料

众所周知，普通的老式蛋白糖霜有点儿……哦，真是废话，所以我喜欢加点调味料来提升口味。我最喜欢的调味料是鲜榨的柠檬汁，用它来代替一些配方中

把橘子皮擦丝

把橘子皮擦丝最好的办法就是用擦丝器（比如Microplane品牌）——这是我最喜欢的厨房用具之一，如果你没有的话值得买一个。

需要的水（见小贴士，第47页），这取决于我所需要的酸甜度。可以通过添加一些香精来调制其他口味，比如纯正的香草味、杏仁味或者薄荷味。要使用含油量少的香精，因为油多了会影响蛋白糖霜打发所需要的时间，也会引起糖霜分离。最好是透明的香精，这样可以让糖霜保持亮白色。

食用色素：液体食用色素和啫喱状食用色素

用五颜六色的各种食用色素为糖霜和翻糖染色不仅让装饰变得更简单，而且更加充满乐趣，因为色彩会激发你的创造力。你也可以用一系列基础色来调制出新的色彩（比如红色+蓝色=紫色）。

和其他的装饰工具一样，你可以选择食用色素的类型：液体食用色素或者啫喱状食用色素。这两种都会弄脏你的手和衣服，因此调制的时候要小心！

- **液体食用色素**：液体食用色素是在杂货店见到的常用色素，在烘焙区或者靠近香精的地方可以找到。我几乎从来不用液体色素来进行装饰，因为它会影响到糖霜的稳定性。
- **啫喱状食用色素**：我几乎只用啫喱状食用色素来给糖霜和翻糖染色，因为它的颜色更浓缩，而且啫喱状食用色素浓稠的质地不会改变糖霜的稳定性。你可以买罐装的或者挤压瓶装的（有大的也有小的）。一些常用到的颜色我会备得多一点，比如黑色和红色，"特殊的颜色"就相对少备一点，比如牛油果绿。目前我既有罐装的也有挤压瓶装的，但是我开始倾向于挤压瓶装的了，因为挤压瓶装的颜色似乎是最浓缩的，而且不那么容易干。市面上的啫喱状食用色素好品牌很多，而我最喜欢的品牌是AmeriColor，主要因为它的红色和黑色色素是我发现的第一个能真正呈现红色和黑色的色素！有些牌子的黑色啫喱状食用色素充其量就是深灰色，而AmeriColor的色素挤一点儿就乌黑。

翻糖

我经常把翻糖描述成"装饰用的用糖做成的橡皮泥"，因为它让我想起我小时候用过的那些柔软的五颜六色的东西。有些人害怕翻糖，但是它用起来真的很简单，而且一旦你掌握了翻糖的用法，它会为你带来装饰的奇迹！用翻糖制作一些细节部分会让你的饼干有层次感，而且因为翻糖干了之后很硬，所以翻糖是在饼干上做造型的理想原料（如第208页的婴儿连体衣饼干）。翻糖不用的时候务必要包得紧紧的，因为它干得很快——这是个代价昂贵的错误！翻糖以前很难找到，但是现在由于翻糖的流行，很容易可以在手工制作用品店或者一些杂货店的烘焙区找到翻糖。关于使用翻糖的一些建议，见第30页。

砂糖

现在装饰用的砂糖几乎所有颜色都有，质地各异。对于本书中的图案，我选择的是优质的砂糖，因为我认为它会让最终的作品更干净更均匀。砂糖是在糖霜还没干的时候往饼干上添加闪光效果的一种好方法，这样不会太闪。你可以在大

染色

不管你使用液体食用色素还是啫喱状食用色素，一次只用少许就可以，很少的一点儿就够用。颜色通常在干了之后比湿的时候要深一些，调制的时候一定记住这一点。更多糖霜染色的提示见第22页，翻糖染色的提示见第30页。

多数烘焙区找到基础色的砂糖，如果想得到更多的色彩，参考一下来源指南（第253页）。在"添加闪光装饰品"（第28页）中有关于如何往饼干上撒砂糖的细节。

亮粉

在使用亮粉很多次之后，我终于知道，它之所以得名是因为你用亮粉的时候，到最后会看上去像一个迪斯科闪光灯球。不管你多小心仔细，这些亮闪闪的东西似乎总是会搞得到处都是！当你想让饼干最闪亮，或者想要某一部分凸显出来的时候，你就要用到亮粉。尽管亮粉一般都是小罐装，但是只要一点儿就可以用很久。在"添加闪光装饰品"（第28页）中有关于如何往饼干上撒亮粉的细节。

金属光泽亮粉

金属光泽亮粉要比亮粉或者砂糖都精美得多，它在本书中主要有两个作用。首先，要给需要最后润色的饼干增加一点闪光，这个是最简单的办法。当我看一眼饼干并且想"嗯，还需要点什么呢？"这个时候金属光泽亮粉总是会如我所愿！其次，在金属光泽亮粉中滴入几滴伏特加或者柠檬汁再绘制到饼干上，会呈现出金色或银色的金属亮泽。

糖珠

糖珠是一些可食用的小糖球，有时外面包着一层金属样的糖衣。糖珠便于用来往饼干上添加一些细节，比如"珍珠项链"或者其他一些重要的装饰。本书的图案中用到了银色和白色的"珍珠"糖珠，这些都可以在烘焙区很容易找到。

蛋白糖霜装饰品

本书中的一些图案需要用到蛋白糖霜装饰品，这是一些预先做好的饰品，你可以直接粘在饼干上。我经常在制作动物时用到蛋白糖霜眼睛，书中有一个图案（第85页的雪人）用到了预先做好的蛋白糖霜花朵。蛋白糖霜眼睛在大多数手工制作用品店的烘焙区都可以找到，但是无论什么样的装饰你都可以不用购买预先做好的那些，而是自己用蛋白糖霜把它做出来。

糖果、糖粒和糖豆

仔细查看杂货店的烘焙区和糖果区，去给饼干找一些新的装饰吧。你永远不知道灵感会在什么时候迸发！红色圆片糖、M&M巧克力豆、果冻豆、软糖、彩色糖粒、糖豆和甘草软糖只是众多选择中的几种。

金属光泽装饰品

虽然金属光泽装饰品比如金属光泽亮粉和糖珠是标着"无毒的"，但是要记住美国食品药物监督管理局只批准它们用作装饰品。也就是说，这些东西少吃一点是可以的，但是我不建议大把大把地吃。

饼干装饰技巧

成功的饼干装饰需要用到一些主要技巧，其中的一些技巧在每一个图案中都会用到。以下是本书中用到的从擀面团到最后添加闪光装饰品的一系列技巧。你或许会发现在刚开始的时候你要经常查阅这一部分，但是很快这些技巧就会习惯，你只需偶尔复习一下就可以！

储存面团

饼干面团用保鲜膜紧紧包裹可以在冰箱里储存三天。或者冷冻可以储存6个月之久。冷冻面团时，我喜欢用保鲜膜包裹两层然后把它封存在一个大的拉链袋里。用之前头一天晚上把面团放到冷藏室解冻。

擀面团及做造型

本书中所有的饼干面团在擀之前一定要冷藏，因为冷藏过的面团在烘焙的时候能更好地保持造型。通常面团在冰箱里至少要放1~2个小时，但是你也可以提前几天准备好面团（见左侧"储存面团"）。

在撒了薄薄一层面粉的冰凉台面上擀面团最容易操作。面粉太多会影响饼干最后的质地，所以你在往台面上撒粉的时候要控制一下。很多烘焙师在擀面团时喜欢在面团上下各铺一层烤盘纸或者蜡纸，这样就不需要用多余的面粉。我从不这样做，因为我喜欢看着面团擀，这样就可以判断我是否擀得均匀。

擀面团时，我用的是"旋转"的手法，这样可以把面团擀得最好。这就是说，均匀用力把面团擀一下，接着把面团旋转45°再擀一下。每次擀的时候都向同一个方向旋转45°，直到面团擀到理想的厚度（大约0.5厘米）。在面团上压出尽可能多的饼干，必要的话再把边角料擀一下。在擀面团的过程中，不管什么时候如果面团变得太软，只需要把它重新包裹起来，放到冰箱里15分钟就可以让面团再次变硬。

我用一把又薄又平的抹刀把压好造型的饼干放进烤盘（尤其是一些造型特别或者精致的饼干），这样的抹刀接触面大，所以能托起饼干的各个部位。你当然不希望你的法国画家（第231页）掉一只胳膊！书中的这些配方一般能做24~48块饼干，取决于饼干模具的大小和形状。

烘焙饼干

书中的所有饼干在普通的烤箱中需要烤制11~15分钟，但是如果你用不止一个烤盘的话，就要多花几分钟的时间。务必要在烤制过程中调换一下烤盘的位置来确保饼干烤得均匀。烤制大批量饼干时，我喜欢用至少3个烤盘（最好是4个），这样我可以一边烤着一边擀制另一盘饼干。饼干一烤好，就把它们放到冷却架上至完全冷却。

染色糖霜

首先，准备好颜色。我在开始制作一个饼干图案之前，会把需要用到的不同的糖霜颜色列出来。接着我会估计一下每种颜色需要用多少，以此为依据来分配糖霜。对于大部分颜色，我有相应的啫喱状食用色素，但是偶尔我需要用准备好的几种颜色混合来调制出新的颜色（比如第108页的一块蛋糕）。

储存未装饰饼干

如果在室温下密封储存，烤好的还没进行装饰的饼干可以保鲜1~2周。尽管你可以把饼干放到拉链袋里，但是那样的话，饼干很可能会被挤破。我喜欢把它们分层放在坚挺的密封的容器里，中间用烤盘纸或者蜡纸隔开。烤好的饼干也可以在冰箱里储存长达3个月。为安全起见，我会把密封的容器再用保鲜膜包一下！在装饰前要把冷冻的饼干放在室温下解冻。

给糖霜染色，要把需要的啫喱状食用色素加到糖霜里，用勺子或者橡皮抹刀搅拌，直到啫喱状食用色素完全和糖霜混合。糖霜染色要一点一点地来。啫喱状色素，尤其是放在挤压瓶里的那种，是高度浓缩的，所以挤少许就可以调出你想要的颜色。如果对于某个颜色的组合你还不确定，那么可以先用少量的糖霜来试一下。

蛋白糖霜干了之后的颜色往往会比刚调制出来时深一些，所以调制颜色时要记住这一点。

调制糖霜浓稠度

当你用蛋白糖霜来制作书中的图案时，它会有三种浓稠度：浇饰糖霜、填充糖霜和两步糖霜（我的最爱）。

浇饰糖霜

浇饰糖霜是这三种当中最稠的。浇饰糖霜闪亮亮的，质地类似牙膏，挤到饼干上能保持造型不会流淌。这种浓稠度的糖霜装进裱花袋里要小心地用力挤（如果你的手握得太紧，就会挤得太厚了）。浇饰糖霜用来勾画出造型的大致轮廓和添加细节装饰，比如眼睛、字母和一些显眼的装饰物等。按照蛋白糖霜的配方（第47页）做出来的就是可以用来浇饰的糖霜。

填充糖霜

"填充"指的是用糖霜把饼干涂满或者把用浇饰糖霜勾画出轮廓的部分涂满。填充糖霜要足够稀，用牙签或者挤压瓶的裱花嘴稍微引导就可以轻松地铺开。我很少用填充糖霜，因为我喜欢用两步糖霜。

为了做出填充糖霜的这种浓稠度，你可以往浇饰糖霜中添加液体（水或者柠檬汁），每次1茶匙（5毫升），而且每次添加后都要拌匀。如果你要调制大量的糖霜，你可以每次添加2茶匙（10毫升）或者甚至1汤匙（15毫升），但是相信我，一点儿就够了，所以一定要保守估计！最后的结果应该和室温下或者冷藏的糖浆类似，而不是像水。一个很好的检测办法就是"丝带测试"，这个也适用于两步糖霜。用一把勺子，在糖霜碗的表层淋出一条丝带。如果丝带在2~3秒后完全消失，表面平整光亮，就表明你已调制出填充糖霜的理想状态了。

先用浇饰糖霜勾画轮廓，然后用填充糖霜涂满画出的部分。

两步糖霜

当我发现这种糖霜的时候,它整个改变了我饼干装饰的生活。我知道,这样说有点过,但这是真的。这种糖霜不仅节省时间而且容易清理,我们一致认为它很棒!

"两步糖霜"这个名字可能会引起一点误解。它不是仅用两个步骤就可以制成,而是它可以让你在浇饰和填充之间不用更换工具。听上去不错吧?继续往下读吧!

两步糖霜质地像发胶或者冷藏的蜂蜜,比填充糖霜稠一点。两步糖霜足够稠,浇饰时可以保持造型,但是也足够稀,填充时也能做到表面光滑,最终作品也会更流畅。当你用浇饰糖霜来勾画轮廓,接着用填充糖霜来涂满画出的部分时,你会发现有时轮廓和填好的表面之间有点缝隙,因为两者的质地不同。用两步糖霜的话,则看上去会完全光滑流畅。

我几乎总是用两步糖霜,把它放到挤压瓶里来浇饰轮廓和填充,但是如果你喜欢用别的方法,你也可以用裱花袋来浇饰轮廓,然后再用挤压瓶来填充(见第27页"浇饰"和第28页"填充")。

要想调制出两步糖霜的浓稠度,你可以往浇饰糖霜里添加液体(水或者柠檬汁),每次1茶匙(5毫升),而且每次添加后都要拌匀,直到糖霜的质地看上去像发胶。用测试填充糖霜浓稠度的"丝带测试"(见第23页)来检测,但是这次丝带要在大约15秒后消失。

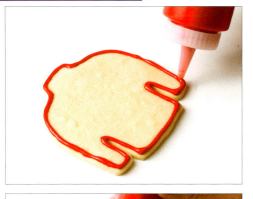

用两步糖霜勾画出轮廓,并且把画出的部分涂满。

填充裱花袋

填充浇饰用的裱花袋,你可以用下面两种方法中的任一种:传统法,这种方法你可能在其他的饼干装饰书中或者网上见到过;或者简易清洁法,这是我最近发现的。如果你总是和裱花袋打交道的话,你肯定知道清洗裱花袋是最麻烦的一个环节,而且最后糖霜总是会搞得满手都是,连指甲缝里都有。幸亏在KarensCookies.net网站上看到了凯伦新创的办法,这种新方法不仅让清洗变得轻而易举,而且糖霜从那些小洞里挤出来的时候还可以避免从连接器那里漏出来。我现在几乎只用这种简易清洁法——谢谢你,凯伦!

对于任一种方法,你都需要用到一次性或者可重复利用的裱花袋、浇饰糖霜(见第23页)、连接器、裱花嘴、剪刀和橡皮筋或者扎口带。传统法的分步操作指南请参见第25页,简易清洁法的分步操作指南请参见第26页。

填充挤压瓶

挤压瓶用来装填充糖霜和两步糖霜。填充挤压瓶最好的办法就是把糖霜直接从碗里倒入挤压瓶。这样做刚开始可能会感到有点不顺手,但是熟练了就好了!如果手抖得厉害,你会搞得洒到台面上的糖霜比瓶子里的还多,可以尝试用一个带小嘴的碗或者漏斗来倒。

填充裱花袋：传统法

1 打开连接器，你手里有一个管状物和一个螺旋盖。把管状物放入裱花袋里，小开口的一头对准裱花袋口。

2 用剪刀剪掉裱花袋的角，洞口正好可以插入连接器（如果洞口太大，压力会使整个连接器从裱花袋挤出来或者造成糖霜往外漏）。

3 把需要用的裱花嘴装到连接器的一头，覆盖住裱花袋。

4 把连接器的螺旋盖装到裱花嘴上并且旋转拧紧。

5 把裱花袋宽的一头向外向下翻，大约折到中间。用一把大勺或者抹刀把糖霜装入裱花袋，不要超过一半（需要的话再装）。

6 把外翻的袋打开收好，并且用橡皮筋或者扎口带在糖霜顶端把袋口扎紧。

储存糖霜

在室温下或者冰箱里，紧紧密封在碗里的蛋白糖霜可以储存长达一周。在这期间，很有可能糖霜分离了，你只需搅拌直至达到需要的状态。糖霜也可以在挤压瓶里储存几天，但是如果你发现有分离的迹象，就需要把它倒入碗中，搅拌，然后再重新装入挤压瓶。（我尝试过只用力地摇晃瓶子，但是不管用。或许你比我力气大！）

填充裱花袋：简易清洁法

1 在工作台表面铺一层大的方形保鲜膜。用一把大勺子或者抹刀把糖霜放到保鲜膜上三分之一处中间的位置。

2 从顶端开始把糖霜用保鲜膜包起来，两头不动。

3 拿着保鲜膜的两头，旋转塑料"绳"多次，就好像你在跳绳一样，直到把糖霜扭成一个小包。

4 在离糖霜包大约7.5厘米处用剪刀剪掉绳子的一头。

5 把被剪掉的一头穿过装好连接器的裱花袋。

6 剪掉多余的保鲜膜。

7 给裱花袋装上裱花嘴和连接器的螺旋盖。

8 用橡皮筋或者扎口带扎紧裱花袋。

9 用完裱花袋后，只需解开橡皮筋拿出塑料包——手上很干净！

浇饰

关于蛋白糖霜浇饰，我能给出的最好的建议就是：练习，练习，再练习。勾画轮廓时，细节部分尤其是字母可能是饼干装饰过程中让人更加小心翼翼的环节之一。你练习得越多，那些歪歪扭扭的线就会变得越稳当笔直。

裱花袋的拿法

浇饰的时候，双手拿住裱花袋。一只手放在底部引导浇饰，另一只手放在顶端靠近橡皮筋或扎口带的地方。我总是把右手放在下面，你可以按照自己的习惯来。

裱花袋要和饼干表面呈45°角。用放在顶端的手挤压裱花袋，适当用力，使糖霜从裱花嘴均匀挤出。用下面的手沿着饼干移动裱花嘴进行浇饰。

勾画轮廓

本书中的每一款饼干都要沿外边缘勾画轮廓。饼干可以用一种或多种颜色的糖霜勾画轮廓。勾画轮廓时，你要么用裱花袋，如上述进行操作，要么用一个塑料挤压瓶（见第28页左侧小贴士）。不管用哪种方式，要沿边缘匀速用力，直到轮廓勾画完毕，勾画轮廓时尽量挨近饼干边缘。

拉直线

不用任何东西辅助就能拉出完美的直线的确是个天赋。不幸的是，我没有这个特别的天赋，所以我要寻求一点帮助（这没有什么可害羞的）。为了能画好直线，我用直尺和美工刀先画条底线，然后在这条底线上挤出直线。

挤字和字母

挤出完美、整齐划一的字和字母甚至比拉直线更难。字可能会倾斜、大小不一，最糟糕的是，可能会写错！为了避免这个，我先用可食用记号笔把字写出来作为模板，然后沿着笔迹在上面挤出糖霜。我经常用美工刀画条直线，沿着直线来写字。

保持裱花袋直立

如果你把糖霜装进裱花袋但不是马上用，一定要把它竖直放进一个高一点的水杯里，直到你要用它。

挤豹纹

本书中三款饼干——黑色小连衣裙（第188页）、豹纹钱包（第190页）和豹纹浅口鞋（第192页）——教你用黑色和褐色的糖霜在饼干上挤出豹纹。这里有一个豹纹的特写照片。

用两步糖霜勾画轮廓和填充

用两步糖霜，你可以先勾画轮廓，中间不用更换工具就可以填充，这样做最省时省力。勾画轮廓时，手持挤压瓶呈45°角勾画出饼干的边，适当用力使糖霜从瓶口缓缓挤出，接着立刻沿轮廓涂满勾画出的部分。

在已干的糖霜上挤造型

在已经定型的糖霜上再挤糖霜，这样的细节设计就为饼干增添了层次感。其实很简单，你可以沿饼干边缘勾画，这样看上去更完美，你也可以给小动物画上脸或者给外套添加口袋和翻领。此类细节装饰最常用1号或者2号裱花嘴，这样可以挤出精致的线条。

填充

饼干一勾画好轮廓就可以进行填充。填充饼干内部时你有两种选择。你可以使用挤压瓶，这是我最喜欢的——当然也不会搞得那么乱——或者可以使用勺子和牙签。

使用挤压瓶

手持挤压瓶置于需要填充的区域的中心。把糖霜挤到饼干上，使其延伸到空白处。用挤压瓶的裱花嘴把糖霜推送到所有空白的地方，如果需要的话再挤一些，直到整个表面均匀涂满。

使用勺子和牙签

如果你没有挤压瓶，可以用下列方法。当然这样做没有那么流畅，但是依然奏效！用一把小勺子，把少量的填充糖霜从碗里盛到饼干的中心位置。随着糖霜的流淌，用牙签尖推送到所有空白的地方，如果需要的话再加一些，直到整个表面均匀填满。

在未干的糖霜上挤造型

当你在未干的糖霜上添加不同颜色的细节或图案时，新糖霜要"扎根"到基色中，形成一个平面（如第60页波尔卡圆点帽图案），而不是像在已干的糖霜上挤造型所呈现出的层次（见以上所述）。在这种情况下，你添加图案的时候需要非常快，以保证基色还未干。最好用两步糖霜或者填充糖霜在未干的糖霜上挤造型，因为要让图案沉落到理想位置，浇饰糖霜一般来说太稠了。如果你添加圆点的图案，就要竖直拿好挤压瓶在饼干上方起落，不要使其倾斜。

拉丝

拉丝也是在未干的糖霜上做造型的一种方式，只用挤压瓶和牙签就可以做出引人注目的图案（见第90页手套和第114页帆船）。这两种糖霜的浓稠度要一致，要么都是填充糖霜要么都是两步糖霜。分步操作指南见第29页。

添加闪光装饰品

浏览所有的饼干图案，你会发现我喜欢尽可能地让饼干注入激情。一点儿闪光可以让你想突出的部分凸显出来，比如拉拉队队长（第163页）的蝴蝶结，或者它可以使简单的图案变得特别，比如香槟酒杯（第198页）。闪光装饰品可以加到湿糖霜上，也可以加到干糖霜上（见第30页）。

拉丝

1
用同一种颜色为饼干画出轮廓并且涂满。

2
垂直拉丝：趁糖霜还未干的时候快速进行操作，用装有对比色糖霜的挤压瓶在饼干上沿水平方向挤出平行线，间隔距离相等。

3
把牙签尖置于平行线的左边，在顶端第一条线的上方。快速拖动牙签穿过所有的线条，形成一个拉丝的图案。

4
把牙签尖置于最下面的线条的下方，拉丝图案偏右一点。快速拖动牙签穿过所有的线条，形成一个反方向的拉丝图案。

5
继续向右移动牙签相等的距离，交替向下向上拖动牙签直到贴近平行线的右边。让糖霜放置至少6小时或一晚上。

6
水平拉丝：垂直画出平行线（第二步），从垂直线的顶端开始从左往右拖动牙签，然后从右往左，重复第3～5步，直到贴近线条的底端。

大理石花纹

本书中有几款饼干用到了大理石花纹的技巧。大理石花纹和拉丝类似，它也要拖动牙签尖穿过多种颜色的湿糖霜，但是大理石花纹可以形成更多的花样，比如旋涡、螺旋和环状。大理石花纹的图例在蝴蝶（第62页）、秋叶（第84页）、薄荷糖果（第98页）和柠檬片（第216页）中可以看到。

伏特加或者柠檬汁

伏特加是与金属光泽亮粉混合呈现金属光泽的最好选择,因为它挥发得快,不会改变糖霜的味道。但是如果你不喜欢用酒精,柠檬汁是个不错的替代品。

湿糖霜上添加闪光装饰品

亮粉和砂糖可以撒在湿糖霜上。撒的时候在下面铺一层烤盘纸或蜡纸,这样的话,你可以把那些没有沾到糖霜上的多余的东西收起来装回罐子里(这样你就不用那么快买一罐新的了)。往饼干上撒亮粉或者砂糖的时候,要慷慨一点使其均匀覆盖。如果你抖掉了多余的亮粉或砂糖之后,还有一些依然留在不需要的地方,那么等糖霜完全干了之后,可以用一把小号食品刷或者棉签刷掉那些散落的水晶。

干糖霜上添加闪光装饰品

金属光泽亮粉可以添加到干糖霜的表面使其闪亮或者看上去有点金属光泽。对于一些简单的闪光装饰品,用干的食品刷蘸金属光泽亮粉轻轻覆盖表面,然后刷掉多余的。要刷出金属色的坚固的表面(比如在198页香槟酒杯图案中):

1. 用白色糖霜或者接近金属光泽亮粉的颜色勾画轮廓并且涂满(如果有必要的话)目标区域(比如金色亮粉用黄色,银色亮粉用灰色)。糖霜要完全晾干。
2. 在小碗中,在¼~½茶匙(1~2毫升)的金属亮粉中滴入伏特加(最好是)或柠檬汁(见左侧边栏)混合。混合物不要过稀。
3. 用小号食品刷蘸液体亮粉覆盖目标区域。糖霜晾干即可。

使用翻糖

很多人一听到"翻糖"这个词马上就会想,"噢,用到翻糖太难了。这是烘焙大师来做的,我可做不了!"确实是,有些翻糖作品要求精湛的技艺,但是这些通常都是装饰精美的多层婚礼蛋糕,并且需要一个训练有素的烘焙师团队经过几天的时间精心制作而成。而这些只是饼干,是的,书中的每一个图案中你都可以做出来。把翻糖当成是面团或者你小学时驾轻就熟的软陶。

染色翻糖

给翻糖染色的时候我给你一个忠告:戴上手套。戴上一次性手套,否则你的手将会和翻糖一个颜色。给翻糖染色,取少量啫喱状食用色素放在翻糖上,用手揉至色素均匀地分布在翻糖中。在揉的过程中不管什么时候一旦翻糖变得粘手,只需加一点玉米淀粉,继续揉至玉米淀粉混合均匀。

擀翻糖

因为翻糖黏糊糊的,所以擀的时候要在台面上薄薄撒上一层玉米淀粉。尽管你可以用普通的擀面杖,但是用硅胶或木质的小号擀面杖擀一些小东西会更容易。大多数翻糖擀制成2~3毫米的厚度即可。

制作造型

你可以用小的切模在擀好的翻糖上压出造型，切模在手工制作用品店的烘焙区可以找到。本书中一些图案的造型，比如黑色小连衣裙饼干（第188页）上的腰带，是用美工刀和直尺手工切出来的。如果需要的话，一压出造型，你就可以用带尖的工具来添加细节，比如树叶上的纹理。有些做好的翻糖成品，要趁它们还没定型的时候就要放到饼干上，有些要放在一边等完全晾干之后再粘到饼干上。

手工制作造型

我做的有些翻糖作品是用手工做造型的。不要期待你做出来的东西和我的很像。既然是手工，那么允许自己有点灵活和创意。用手指捏出翻糖造型就像你捏黏土一样，如果太黏的话就加一点玉米淀粉。

固定翻糖

翻糖可以用少许蛋白糖霜或水粘到饼干上。最好是在翻糖饰品上刷少许水，然后轻压一下粘到其他翻糖上（比如第134页中长颈鹿的角）。翻糖粘好后，把饼干放在一边晾干。

添加装饰品

你可以从结构和色彩上对饼干进行装饰润色，这样可以让饼干更具个性，比如添加金属色泽的糖珠、可食用的白色珍珠、眼睛和花等蛋白糖霜饰品。你可以在烘焙用品店或者种类齐全的手工制作用品店找到这些装饰，或者你也可以参考第253页上提供的一些材料来源来购买。

尽管这些装饰可以手工添加，但是一些小的地方用手可能会很难，会让你有挫败感（你经常会让这些小球滚得台面上和地板上到处都是）。我喜欢用一把专门进行饼干装饰的镊子来做这些装饰。尽管一开始你或许会觉得你在玩做手术的游戏，但是很快你会发现用镊子你会少生很多气！

装饰品可以直接放到湿糖霜上，或者为了看上去更干净，大多数装饰品在添加的时候，可以先把要装饰的地方用刷子蘸少许温水刷一下。

使用美工刀

在手绘模板、切翻糖还有画线条来指导浇饰的时候，没有什么比美工刀更好用的了。在切之前把饼干面团或者翻糖放到一块切板上，这样就不会划伤操作台面。

拿着美工刀就像你拿笔一样，在需要操作的表面上（翻糖或饼干面团）适当用力，一切到底（除非有别的需要）。小心在切的时候别把手放过来！如果你沿着直尺来画直线，那么只需让美工刀沿直尺的边操作就行。

仔细把美工刀盖上刀帽放好，这样你取的时候就不会伤到自己，而且要放到孩子够不到的地方。

储存翻糖

翻糖很贵，而且干得很快。你用完之后一定要用保鲜膜紧紧包好放进密封的拉链袋中。翻糖可以在室温下储存。

储存装饰好的饼干

装饰好的饼干晾干后可以保存1～2周，尽管一周之内吃掉的话味道最好。储存饼干最好的办法就是装在一个密闭的容器里，比如一个大的长方形食品级塑料容器或者金属罐。仔细分层叠放饼干，中间铺一层蜡纸或烤盘纸。小心不要太挤，否则装饰品会松散并且掉下来。

使用模板

本书中的一些图案用到了模板，用来制作饼干造型或者粘到饼干上的翻糖片。如果我觉得某个造型对你来说手绘太具有挑战性（我想让你的生活尽可能的简单），我就做成了模板。在第251～252页上有所有的模板。

最好用蜡纸或烤盘纸来制作模板，它们是最好的好帮手。照着书中的模板画到一张白纸上，然后把蜡纸或者烤盘纸铺在白纸上描出图案。

切出模板后，用美工刀沿模板在面团或翻糖上切出造型。翻糖擀好要等15分钟后再来描模板，这样操作起来会更容易，翻糖会更坚挺，否则软的翻糖很容易撕破。

准备装饰

我是A型血，总是把所有的工具都放在该放的地方，一切准备就绪后，才会开始进行装饰。是的，整理所有的东西会花掉一些额外的时间，但是这样比你在装饰饼干的过程中停下来找东西要好得多！这里有一些小提示可以帮助你整理好饼干工作室：

1. **阅读操作指南**。我知道的，我知道的，你迫不及待要开始。但是相信我，这一步很重要。花几分钟来阅读所有的操作指南——而且包括阅读饼干面团和糖霜的配方——这样你在制作中就不会有什么意想不到的事情发生。这将会帮助你构想一下从开始到结束的整个过程。
2. **列出所需的东西（并且要检查一遍）**。不管是在脑子中列了一下还是手写了一下，要通读你需要完成的所有步骤，并且保证完成这项工作所需的每一样工具和材料你都准备了。啫喱状食用色素你有用完的吗？蛋清粉在哪儿？你有足够多干净的小碗吗？是的？是的，好！一切准备就绪！
3. **估计一下所需时间**。这个也要想一下或者手写出来。你今晚需要这些饼干吗？很多饼干需要两天的时间来制作，尽管有一些需要的时间会少一点。给你自己留出至少一整天的时间来完成一个图案，但是两天会更好。如果你可以事先制作好饼干面团并且把饼干烤好，这样会更好一些。
4. **摆好勺子和碗**。手头要放几把勺子和几个小碗来调制糖霜颜色。

5. **手边放好毛巾和烤盘纸**。准备好大量的纸巾和湿的厨房用毛巾,以便进行简单的清洁。你会用到它们!你也需要将烤盘纸铺在操作台面上,来接住多余的散落的装饰物。
6. **戴上围裙**。我总是忘记戴围裙,但是我有好多件紧身T恤,它们会提醒我要戴围裙。希望你的记性比我好!
7. **准备糖霜**。这项工作会花掉所有准备环节的大部分时间,但是一旦做好了,装饰起来会容易得多。把所有的糖霜都染色,调到合适的浓稠度,装到裱花袋或挤压瓶里(除非操作指南要你装在碗里密封好)。
8. **给自己留出空间**。装饰饼干要用到很多可以移动的物品:糖霜、饼干、烤盘、裱花袋……把暂时用不到的东西先清理好,这样就可以专心做手头的工作。如果你正在勾画轮廓和填充,把擀面杖和翻糖先放起来,这样你就不会在工作的时候把什么东西打翻洒到刚涂好的饼干上。

糖霜要盖好

当我准备每一种颜色的糖霜时,我会把盛糖霜的大碗用湿毛巾盖住免得它表面结成一层硬皮,这会影响到浇饰、填充——会影响到所有环节。

饼干的包装和运送

没有什么能比收到装有特别定制的甜饼干的包裹更好的了!一旦你掌握了这100种图案的制作,那么逢节假日、生日或者其他任何可以用饼干来庆祝的时刻,你将永远不会担心该送什么礼物给你的朋友和家人。

- **包装**:我喜欢把饼干用玻璃纸礼品袋包起来,在上面系一条搭配的丝带,当成聚会的小礼物。
- **运送**:运送饼干时,不要装得太满。把饼干分层摆放,并且用薄纸隔开避免挤坏。确保盒子足够坚挺,能经得起任何意外的撞击!

疑难问题解决办法

这里有一些额外的小窍门，或许能在饼干装饰过程中帮到你。

允许一些小失误

总会有一些搞砸了的饼干。和新手一样，饼干装饰的高手也会经常搞砸。饼干掉到地板上，或者浇饰的时候手抖了一下，拿走那块搞砸了的饼干。容许自己犯点错误，多烤一些饼干。（好消息：你可以吃掉搞砸的那些饼干！）

- 装饰三打饼干最没有效率的办法就是一次只装饰一块，尤其当饼干非常复杂的时候。如果你的图案大部分是红色，而且带一些蓝色和黄色的突出装饰，那么首先对所有饼干的红色部分进行勾画和填充，接着添加所有蓝色的装饰，然后是所有黄色的装饰。这个过程感觉有点像流水线。有些饼干，比如需要在未干的糖霜上挤造型或者拉丝（见第28页），这些只能一块一块地进行装饰，这点会在说明中被提到的。
- 如果你加水或者柠檬汁加多了的话，糖霜可能会太稀。水分多的糖霜可以筛入少量糖粉搅拌直至达到需要的浓稠度。
- 相反，如果糖霜太稠，可以加水或柠檬汁来稀释，一次1茶匙（5毫升），直至达到需要的浓稠度。
- 我曾偶尔有过饼干晾干的时候颜色渗出来的情况，这让我很有挫败感。我拉出来的心爱的线条变成了一团模糊！我用蛋清粉制作的糖霜从没有遇到这个问题，只是用蛋白制作的糖霜遇到过。不管这是不是巧合，我现在只用蛋清粉来制作糖霜。我也喜欢用啫喱状食用色素而不是液体食用色素。如果糖霜太稀，那么它很可能会到处淌。
- 如果糖霜储存超过一两天，那么它通常会出现分离。要解决这个问题，只需进行搅拌直至恢复到需要的状态。不要把糖霜放在裱花袋里超过一天，因为在袋子里很难重新调和。
- 刚搅拌好的糖霜中有些小气泡是正常的，因为打发的时候会产生气泡。为了避免这些小东西成群结队地出现在平滑光亮的饼干表面上并形成小坑，可以让刚打好的糖霜静置几分钟，这样小气泡就沉下去了。如果在填充结束之后在饼干表面仍然可以看到小气泡，那么用针尖或者牙签尖挑破它们。小气泡，去吧！

第二章
饼干面团和糖霜配方

朱莉·安妮经典香草橙子甜饼干..36	南瓜味甜饼干...................43
无麸甜饼干......................37	辣姜饼干.......................44
素食甜饼干......................38	柠檬椰丝饼干...................45
全麦甜饼干......................39	核桃坚果饼干...................46
黑巧克力甜饼干..................40	经典蛋白糖霜...................47
花生酱甜饼干....................41	素食蛋白糖霜...................48
佛蒙特枫糖饼干..................42	

朱莉·安妮经典香草橙子甜饼干

制作24~40块饼干

小贴士

如果没有立式搅拌机，第2步操作可以用手持式电动搅拌机，但是第3步操作要用一把木勺搅拌面粉混合物。

烤这么多饼干用4个烤盘会更容易，2个不太够。烤第一批饼干的时候，你可以为第二批饼干做造型，这样第一批一烤好就可以烤第二批。

用第一个面团的时候，可以把其他的面团放在冰箱里。冷藏过的面团能更好地保持造型。

花样小变动

用柠檬皮或者酸橙皮来代替橙子皮，或者完全不用这些，制作出更传统的香草甜饼干。

我开朱莉·安妮面包房的时候首创了这一款甜饼干的配方。香草橙子口味的灵感来自奶昔，是我童年时最喜欢吃的东西之一。这种饼干很受顾客喜欢，他们对这种饼干的喜爱就像我们用面团做出装饰造型的乐趣一样。

- 带桨叶的立式搅拌机（见左侧小贴士）
- 精选的饼干切模
- 2~4个铺好烤盘纸的烤盘（见左侧小贴士）

3¼杯	中筋粉	800毫升
½茶匙	盐	2毫升
1杯	白糖	250毫升
1¼杯	室温状态下的无盐黄油	300毫升
1	鸡蛋	1
1	蛋黄	1
1汤匙	橙皮碎	15毫升
2茶匙	香草精	10毫升

1. 用一个中号碗，把中筋粉和盐一起搅拌。
2. 把白糖和黄油放入立式搅拌机的碗里，中速搅打约3分钟至轻盈蓬松状。加入鸡蛋、蛋黄、橙皮碎和香草精，搅打至混合均匀。
3. 搅拌机低速搅打，逐渐往碗里添加面粉混合物，搅打至混合均匀。
4. 把面团拿出来放在台面上，分成3等份。每份压成圆盘状，用保鲜膜包紧。放冰箱冷藏至少1小时至冷透，最多能放3天。
5. 将烤箱预热到180℃，把2个烤架放在烤箱内。
6. 在台面上撒一层面粉，把其中一个面饼擀至0.5厘米的厚度。用饼干切模压出造型，轻轻放到准备好的两个烤盘上，饼干间隔约2.5厘米。如果有必要的话把余下的边角料再重新擀制。把剩下的面团重复这一操作直到两个烤盘都放满饼干。
7. 烤制11~15分钟，中间换一下烤盘位置，直到饼干烤好，并且稍微有点焦黄。让饼干在烤盘里冷却10分钟，然后小心地拿到冷却架上，完全冷却后再进行装饰。
8. 用余下的面团重复第6~7步。

无麸甜饼干

这款饼干是在无麸派皮的配方基础上制作而成的。第一次做这款饼干之前,我没有烤过任何无麸的东西,而且我担心头一次做味道不好,做起来也很难。我完全错了!和我做的派面团(我的最爱之一)一样,这款饼干面团擀起来很漂亮,在烤箱里能很好地保持造型,而且烤出来香脆可口,有浓郁的黄油味。

- 带桨叶的立式搅拌机(见第36页小贴士)
- 精选的饼干切模
- 2~4个铺好烤盘纸的烤盘(见第36页小贴士)

1½杯	糙米粉	375毫升
1杯	糯米粉	250毫升
½杯	马铃薯淀粉	125毫升
¼杯	木薯淀粉	60毫升
½茶匙	黄原胶	2毫升
½茶匙	盐	2毫升
1¼杯	白糖	300毫升
1¼杯	室温状态下的无盐黄油	300毫升
1	鸡蛋	1
1	蛋黄	1
2茶匙	柠檬皮碎(可选)	10毫升
2茶匙	香草精	10毫升

制作24~40块饼干

小贴士

柠檬皮起到提味的作用,也可以换成橙子皮或者完全不用。

擀面团的时候可以用无麸原料中的任一种,比如糙米粉或马铃薯淀粉。

1. 用一个中号碗,把糙米粉、糯米粉、马铃薯淀粉、木薯淀粉、黄原胶和盐一起搅拌。
2. 把白糖和黄油放入立式搅拌机的碗里,中速搅打约3分钟至轻盈蓬松状。加入鸡蛋、蛋黄、柠檬皮碎(如果用的话)和香草精,搅打至混合均匀。
3. 搅拌机低速搅打,逐渐往碗里添加面粉混合物,搅打至混合均匀。
4. 把面团拿出来放在台面上,分成3等份。每份压成圆盘状,用保鲜膜包紧。放冰箱冷藏至少1小时至冷透,最多能放3天。
5. 将烤箱预热到180℃,把2个烤架放在烤箱内。
6. 在台面上撒一层面粉,把其中一个面饼擀至0.5厘米的厚度。用饼干切模压出造型,轻轻放到准备好的两个烤盘上,饼干间隔约2.5厘米。如果有必要的话把余下的边角料再重新擀制。把剩下的面团重复这一操作直到两个烤盘都放满饼干。
7. 烤制11~15分钟,中间换一下烤盘位置,直到饼干定型,并且稍微有点焦黄。让饼干在烤盘里冷却10分钟,然后小心地拿到冷却架上,完全冷却后再进行装饰。
8. 用余下的面团重复第6~7步。

素食甜饼干

烤素食饼干是一个挑战，因为烤饼干常用的原料——黄油、鸡蛋和牛奶——都不能用。幸运的是，现在有很多非乳制替代品可以代替这些主要原料，让素食主义者享受到饼干装饰的乐趣。在面团中加入少许杏仁精，口味极佳（而且烤的时候闻起来棒极了！）

制作24~40块饼干

小贴士

鸡蛋的替代品，比如Ener-G素蛋粉，在种类齐全的杂货店的素食区就可以找到。

纯素黄油，比如Earth Balance，是桶装的而不是条状的。这种黄油软化后更容易混合进面团。

本配方做出的面团通常比其他面团更黏，所以切割和擀制的时候可能需要多一点面粉，避免粘到台面上。

重新擀剩余边角料的时候如果面团变得太软，可以把它包起来在冰箱里放20分钟使其坚挺。在此期间，你可以擀制其他冷藏过的面团。

花样小变动

椰汁可以用豆奶或者杏仁奶代替。

- 带桨叶的立式搅拌机（见第36页小贴士）
- 精选的饼干切模
- 2~4个铺好烤盘纸的烤盘（见第36页小贴士）

3½杯	中筋粉	875毫升
1汤匙	素蛋粉（见左侧小贴士）	15毫升
½茶匙	盐	2毫升
¼茶匙	发酵粉	1毫升
1杯	白糖	250毫升
1杯	室温状态下的纯素黄油（见左侧小贴士）	250毫升
2茶匙	香草精	10毫升
1茶匙	杏仁精	5毫升
¼杯	无糖椰汁	60毫升

1. 用一个中号碗，把中筋粉、素蛋粉、盐和发酵粉一起搅拌。
2. 把白糖和纯素黄油放入立式搅拌机的碗里，中速搅打约4分钟至轻盈蓬松状。加入香草精和杏仁精，搅打至混合均匀。
3. 搅拌机低速搅打，交替添加面粉混合物和无糖椰汁，面粉混合物分3次添加，无糖椰汁分2次添加，搅打至混合均匀。
4. 把面团拿出来放在台面上，分成3等份。每份压成圆盘状，用保鲜膜包紧。放冰箱冷藏至少2小时至冷透，最多能放3天。
5. 将烤箱预热到180℃，把2个烤架放在烤箱内。
6. 在台面上多撒点面粉，把其中一个面饼擀至0.5厘米的厚度。用饼干切模压出造型，轻轻放到准备好的两个烤盘上，饼干间隔约2.5厘米。如果有必要的话把余下的边角料再重新擀制。把剩下的面团重复这一操作。
7. 烤制11~15分钟，中间换一下烤盘位置，直到饼干烤好，并且稍微有点焦黄。让饼干在烤盘里冷却10分钟，然后小心地拿到冷却架上，完全冷却后再进行装饰。
8. 用余下的面团重复第6~7步。

全麦甜饼干

一提到烘焙食品,"全麦"这个词经常会让人联想到粗糙的质地或者不好的味道。这款饼干颠覆了这一错误的概念!肉桂、橙子和蜂蜜的完美结合使得这一配方以简单可口的方式,让你在不知不觉中多吃了一些全麦。

- 带桨叶的立式搅拌机(见第36页小贴士)
- 精选的饼干切模
- 2~4个铺好烤盘纸的烤盘(见第36页小贴士)

2½杯	全麦粉	625毫升
1杯	中筋粉	250毫升
½茶匙	肉桂粉	2毫升
½茶匙	盐	2毫升
¼茶匙	发酵粉	1毫升
1杯	白糖	250毫升
1杯	室温状态下的无盐黄油	250毫升
1	鸡蛋	1
½杯	液态蜂蜜	125毫升
2茶匙	橙皮碎	10毫升
1茶匙	香草精	5毫升

制作24~40块饼干

小贴士

重新擀剩余边角料的时候如果面团变得太软,可以把它包起来在冰箱里放20分钟使其坚挺。在此期间,你可以擀制其他冷藏过的面团。

花样小变动

可以把中筋粉换成全麦粉,让这款饼干百分百全麦。

1. 用一个中号碗,把全麦粉、中筋粉、肉桂粉、盐和发酵粉一起搅拌。
2. 把白糖和黄油放入立式搅拌机的碗里,中速搅打约3分钟至轻盈蓬松状。加入鸡蛋、液态蜂蜜、橙皮碎和香草精,搅打至混合均匀。
3. 搅拌机低速搅打,逐渐往碗里添加面粉混合物,搅打至混合均匀。
4. 把面团拿出来放在台面上,分成3等份。每份压成圆盘状,用保鲜膜包紧。放冰箱冷藏至少1小时至冷透,最多能放3天。
5. 将烤箱预热到180℃,把2个烤架放在烤箱内。
6. 在台面上撒一层面粉,把其中一个面饼擀至0.5厘米的厚度。用饼干切模压出造型,轻轻放到准备好的两个烤盘上,饼干间隔约2.5厘米。如果有必要的话把余下的边角料再重新擀制。把剩下的面团重复这一操作。
7. 烤制11~15分钟,中间换一下烤盘位置,直到饼干烤好,并且稍微有点焦黄。让饼干在烤盘里冷却10分钟,然后小心地拿到冷却架上,完全冷却后再进行装饰。
8. 用余下的面团重复第6~7步。

黑巧克力甜饼干

制作24~40块饼干

小贴士

烤这么多饼干用4个烤盘会更容易，2个不太够。烤第一批饼干的时候，你可以为第二批饼干做造型，这样第一批一烤好就可以烤第二批。

可可粉有时会结块。如果这样的话，在第1步中最好筛入原料而不是搅拌，因为把结块搅开的可能性很小。

这一配方灵感来自我妈妈用来做巧克力脆皮派的黑巧克力威化饼干。我好像在市面上再也没找到过这款饼干，所以我决定自己来做。这款黑巧克力饼干烤制的时候能很好地保持造型，而且香醇的口味是蛋白糖霜的完美搭配。

- 带桨叶的立式搅拌机（见第36页小贴士）
- 精选的饼干切模
- 2~4个铺好烤盘纸的烤盘（见左侧小贴士）

3¼杯	中筋粉	800毫升
1杯	无糖可可粉	250毫升
½茶匙	盐	2毫升
1¾杯	白糖	425毫升
1¼杯	室温状态下的无盐黄油	300毫升
2	鸡蛋	2
1汤匙	香草精	15毫升

1. 用一个中号碗，把中筋粉、无糖可可粉和盐一起搅拌（见左侧小贴士）。
2. 把白糖和黄油放入立式搅拌机的碗里，中速搅打约3分钟至轻盈蓬松状。加入鸡蛋，一次加一个，加入后搅打均匀。加入香草精搅打均匀。
3. 搅拌机低速搅打，逐渐往碗里添加面粉混合物，搅打至混合均匀。
4. 把面团拿出来放在台面上，分成3等份。每份压成圆盘状，用保鲜膜包紧。放冰箱冷藏至少1小时至冷透，最多能放3天。
5. 将烤箱预热到180℃，把2个烤架放在烤箱内。
6. 在台面上撒一层面粉，把其中一个面饼擀至0.5厘米的厚度。用饼干切模压出造型，轻轻放到准备好的两个烤盘上，饼干间隔约2.5厘米。如果有必要的话把余下的边角料再重新擀制。把剩下的面团重复这一操作。
7. 烤制11~15分钟，中间换一下烤盘位置，直到饼干烤好，并且稍微有点焦黄。让饼干在烤盘里冷却10分钟，然后小心地拿到冷却架上，完全冷却后再进行装饰。
8. 用余下的面团重复第6~7步。

花生酱甜饼干

我有一个博客，名叫花生酱和朱莉，可见我喜欢花生酱做的所有的东西也不足为奇。本书中有一个花生酱口味的甜饼干是必备的！这款饼干不太甜，微微散发出暖融融的花生酱的香味，加上一杯冰牛奶，简直是绝配。

- 带桨叶的立式搅拌机（见右侧小贴士）
- 精选的饼干切模
- 2~4个铺好烤盘纸的烤盘（见第40页小贴士）

3½杯	中筋粉	875毫升
½茶匙	盐	2毫升
¼茶匙	小苏打	1毫升
1杯	室温状态下的奶油花生酱（见右侧小贴士）	250毫升
¾杯	室温状态下的无盐黄油	175毫升
¾杯	白糖	175毫升
¼杯	压紧的黄糖	60毫升
1	鸡蛋	1
1汤匙	香草精	15毫升
¼杯	重奶油或搅打奶油（乳脂含量35%）	60毫升

制作24~40块饼干

小贴士

如果没有立式搅拌机，第2步操作可以用手持式电动搅拌机，但是第3步操作要用一把木勺搅拌面粉混合物。

这个配方在制作的时候用的是普通花生酱，而不是天然花生酱。普通花生酱含乳脂多一些，室温下浓稠。天然花生酱质地比较稀，室温下经常会析出花生油。

1. 用一个中号碗，把中筋粉、盐和小苏打一起搅拌。
2. 把奶油花生酱和黄油放入立式搅拌机的碗里，中速搅打约3分钟至轻盈蓬松状。加入白糖和黄糖，搅打2分钟。加入鸡蛋和香草精后搅打至混合均匀。
3. 搅拌机低速搅打，交替添加面粉混合物和奶油，面粉混合物分3次添加，奶油分2次添加，搅打至混合均匀。
4. 把面团拿出来放在台面上，分成3等份。每份压成圆盘状，用保鲜膜包紧。放冰箱冷藏至少1小时至冷透，最多能放3天。
5. 将烤箱预热到180℃，把2个烤架放在烤箱内。
6. 在台面上撒一层面粉，把其中一个面饼擀至0.5厘米的厚度。用饼干切模压出造型，轻轻放到准备好的两个烤盘上，饼干间隔约2.5厘米。如果有必要的话把余下的边角料再重新擀制。把剩下的面团重复这一操作。
7. 烤制11~15分钟，中间换一下烤盘位置，直到饼干烤好，并且稍微有点焦黄。让饼干在烤盘里冷却10分钟，然后小心地拿到冷却架上，完全冷却后再进行装饰。
8. 用余下的面团重复第6~7步。

佛蒙特枫糖饼干

制作 24～40 块饼干

小贴士

如果没有立式搅拌机，第 2 步操作可以用手持式电动搅拌机，但是第 3 步操作要用一把木勺搅拌面粉混合物。

烤这么多饼干用 4 个烤盘会更容易，2 个不太够。烤第一批饼干的时候，你可以为第二批饼干做造型，这样第一批一烤好就可以烤第二批。

这个配方在制作的时候用的是 B 级枫糖浆，枫糖味更浓一些。杂货店里普遍出售的是 A 级枫糖浆（众所周知），这个用起来也不错。

如果你喜欢只是稍微带一点枫糖味，那么把枫糖精减至 1/2 茶匙（2 毫升）。

我丈夫是在佛蒙特州长大的，他父亲都是从自家的枫树上取材来制作枫糖浆。这就意味着我们很幸运，每年都会有大量的枫糖浆送上门来，而且我也很喜欢用它在厨房里做各种尝试！这款风味独特的饼干是所有主题饼干的完美搭配，比如秋叶（第 84 页），或者橡子（第 80 页）。

- 带桨叶的立式搅拌机（见左侧小贴士）
- 精选的饼干切模
- 2～4 个铺好烤盘纸的烤盘（见左侧小贴士）

3 1/2 杯	中筋粉	875 毫升
1/2 茶匙	肉桂粉	2 毫升
1/2 茶匙	盐	2 毫升
1/2 杯	白糖	125 毫升
1/2 杯	压紧的黄糖	125 毫升
1 杯	室温状态下的无盐黄油	250 毫升
1	鸡蛋	1
1/2 杯	纯枫糖浆	125 毫升
1 茶匙	香草精	5 毫升
1 茶匙	枫糖精	5 毫升

1. 用一个中号碗，把中筋粉、盐和肉桂粉一起搅拌。
2. 把白糖、黄糖和黄油放入立式搅拌机的碗里，中速搅打约 3 分钟直至轻盈蓬松状。加入鸡蛋、枫糖浆、香草精和枫糖精，搅打至混合均匀。
3. 搅拌机低速搅打，逐渐往碗里添加面粉混合物，搅打至混合均匀。
4. 把面团拿出来放在台面上，分成 3 等份。每份压成圆盘状，用保鲜膜包紧。放冰箱冷藏至少 1 小时至冷透，最多能放 3 天。
5. 将烤箱预热到 180℃，把 2 个烤架放在烤箱内。
6. 在台面上撒一层面粉，把其中一个面饼擀至 0.5 厘米的厚度。用饼干切模压出造型，轻轻放到准备好的两个烤盘上，饼干间隔约 2.5 厘米。如果有必要的话把余下的边角料再重新擀制。把剩下的面团重复这一操作。
7. 烤制 11～15 分钟，中间换一下烤盘位置，直到饼干烤好，并且稍微有点焦黄。让饼干在烤盘里冷却 10 分钟，然后小心地拿到冷却架上，完全冷却后再进行装饰。
8. 用余下的面团重复第 6～7 步。

南瓜味甜饼干

就在这几年，南瓜口味的东西突然到处都是，从咖啡到冰淇淋，甚至还有百吉饼！那么为什么不把这种经典的秋季口味融入甜饼干呢？用这一配方来制作万圣节饼干（第72~78页），分给所有幸运的捣蛋鬼吃吧。

- 带桨叶的立式搅拌机（见第42页小贴士）
- 精选的饼干切模
- 2~4个铺好烤盘纸的烤盘（见第42页小贴士）

4杯+2汤匙	中筋粉	1升+30毫升
1/2茶匙	盐	2毫升
1/4茶匙	发酵粉	1毫升
2茶匙	肉桂粉	10毫升
1茶匙	姜粉	5毫升
1/4茶匙	豆蔻粉	1毫升
1/4茶匙	多香果粉	1毫升
1杯	压紧的黄糖	250毫升
1/2杯	白糖	125毫升
1杯	室温状态下的无盐黄油	250毫升
1	鸡蛋	1
1杯	南瓜泥（不是馅饼填料）	250毫升
2茶匙	橙皮碎	10毫升
1茶匙	香草精	5毫升

制作24~40块饼干

小贴士

如果你手头有南瓜派香料，你可以用4茶匙（20毫升）来代替肉桂粉、姜粉、多香果粉和豆蔻粉。

本配方做出的面团通常比其他面团更黏，所以切割和擀制的时候可能需要多一点面粉，避免粘到台面上。

重新擀剩余边角料的时候如果面团变得太软，可以把它包起来在冰箱里放20分钟使其坚挺。在此期间，你可以擀制其他冷藏过的面团。

1. 用一个中号碗，把中筋粉、盐、发酵粉、肉桂粉、姜粉、豆蔻粉和多香果粉一起搅拌。
2. 把黄糖、白糖和黄油放入立式搅拌机的碗里，中速搅打约3分钟至轻盈蓬松状。加入鸡蛋、南瓜泥、橙皮碎和香草精，搅打至混合均匀。
3. 搅拌机低速搅打，逐渐往碗里添加面粉混合物，搅打至混合均匀。
4. 把面团拿出来放在台面上，分成3等份。每份压成圆盘状，用保鲜膜包紧。放冰箱冷藏至少1小时至冷透，最多能放3天。
5. 将烤箱预热到180℃，把2个烤架放在烤箱内。
6. 在台面上撒一层面粉，把其中一个面饼擀至0.5厘米的厚度。用饼干切模压出造型，轻轻放到准备好的两个烤盘上，饼干间隔约2.5厘米。如果有必要的话把余下的边角料再重新擀制。把剩下的面团重复这一操作。
7. 烤制16~22分钟，中间换一下烤盘位置，直到饼干烤好，并且稍微有点焦黄。让饼干在烤盘里冷却10分钟，然后小心地拿到冷却架上，完全冷却后再进行装饰。
8. 用余下的面团重复第6~7步。

辣姜饼干

制作24～40块饼干

小贴士

烤这么多饼干用4个烤盘会更容易，2个不太够。烤第一批饼干的时候，你可以为第二批饼干做造型，这样第一批一烤好就可以烤第二批。

本配方用黄糖或者红糖都可以。红糖会让糖蜜的味道更浓。

烤箱里烤着辣姜饼干立马会让你家里弥漫着圣诞节的气息！脑海中立刻浮现出在一个下雪天学校停课我和哥哥一起装饰姜饼人的画面。那时候我装饰饼干的技术还不怎么样，但是总有人指望着我把我的作品吃下肚，还要搭配上一杯调过味的热苹果酒！

- 带桨叶的立式搅拌机（见第42页小贴士）
- 精选的饼干切模
- 2～4个铺好烤盘纸的烤盘（见左侧小贴士）

3½杯	中筋粉	875毫升
1汤匙	姜粉	15毫升
2茶匙	肉桂粉	10毫升
½茶匙	丁香粉	2毫升
½茶匙	盐	2毫升
½茶匙	小苏打	2毫升
1杯	压紧的红糖（见左侧小贴士)	250毫升
¾杯+2汤匙	室温状态下的无盐黄油（1¾块）	205毫升
¾杯	浅糖蜜（精制）	175毫升
2汤匙	重奶油或搅打奶油（乳脂含量35%）	30毫升
1茶匙	香草精	5毫升

1. 用一个中号碗，把中筋粉、姜粉、肉桂粉、丁香粉、盐和小苏打一起搅拌。
2. 把红糖和黄油放入立式搅拌机的碗里，中速搅打约3分钟至轻盈蓬松状。加入糖蜜、奶油和香草精，搅打至混合均匀。
3. 搅拌机低速搅打，逐渐往碗里添加面粉混合物，搅打至混合均匀。
4. 把面团拿出来放在台面上，分成3等份。每份压成圆盘状，用保鲜膜包紧。放冰箱冷藏至少1小时至冷透，最多能放3天。
5. 将烤箱预热到180℃，把2个烤架放在烤箱内。
6. 在台面上撒一层面粉，把其中一个面饼擀至0.5厘米的厚度。用饼干切模压出造型，轻轻放到准备好的两个烤盘上，饼干间隔约2.5厘米。如果有必要的话把余下的边角料再重新擀制。把剩下的面团重复这一操作。
7. 烤制11～15分钟，中间换一下烤盘位置，直到饼干烤好，并且稍微有点焦黄。让饼干在烤盘里冷却10分钟，然后小心地拿到冷却架上，完全冷却后再进行装饰。
8. 用余下的面团重复第6～7步。

柠檬椰丝饼干

我喜欢烤椰丝的香气和味道,所以我经常在配方中用到它。为了做这款饼干,我把椰子和鲜亮的柠檬皮搭配到一起,灵感来自我家后院的柠檬树,它一季能结500多个柠檬!用这个配方来做热带主题饼干,比如充满海滩风情的人字拖(第68页)和比基尼(第65页)。

- 食品料理机
- 带桨叶的立式搅拌机(见右侧小贴士)
- 精选的饼干切模
- 2~4个铺好烤盘纸的烤盘(见44页小贴士)

1½杯	轻微烤制的甜椰蓉(见右侧小贴士)	375毫升
3¼杯	中筋粉	800毫升
½茶匙	盐	2毫升
¾杯	白糖	175毫升
1¼杯	室温状态下的无盐黄油	300毫升
2	鸡蛋	2
1½汤匙	柠檬皮碎	22毫升
1茶匙	纯香草精	5毫升
1茶匙	椰肉精	5毫升

制作24~40块饼干

小贴士

如果没有立式搅拌机,第3步操作可以用手持式电动搅拌机,但是第4步操作要用一把木勺搅拌面粉混合物。

烤椰肉的时候,把椰肉末平铺在烤盘上,在预热到150℃的烤箱里烤制10~15分钟,稍微翻动一下。烤制的时候要注意观察——椰肉稍不留神很快就会烤焦!

花样小变动

用酸橙皮代替柠檬皮。

1. 用食品料理机把椰肉加工至粉碎。
2. 用一个大号碗,把椰蓉、中筋粉和盐一起搅拌。
3. 把白糖和黄油放入立式搅拌机的碗里,中速搅打约3分钟至轻盈蓬松状。加入鸡蛋、柠檬皮碎、香草精和椰肉精,搅打至混合均匀。
4. 搅拌机低速搅打,逐渐往碗里添加面粉混合物,搅打至混合均匀。
5. 把面团拿出来放在台面上,分成3等份。每份压成圆盘状,用保鲜膜包紧。放冰箱冷藏至少1小时至冷透,最多能放3天。
6. 将烤箱预热到180℃,把2个烤架放在烤箱内。
7. 在台面上撒一层面粉,把其中一个面饼擀至0.5厘米的厚度。用饼干切模压出造型,轻轻放到准备好的两个烤盘上,饼干间隔约2.5厘米。如果有必要的话把余下的边角料再重新擀制。把剩下的面团重复这一操作。
8. 烤制11~15分钟,中间换一下烤盘位置,直到饼干烤好,并且稍微有点焦黄。让饼干在烤盘里冷却10分钟,然后小心地拿到冷却架上,完全冷却后再进行装饰。
9. 用余下的面团重复第7~8步。

核桃坚果饼干

制作30~48块饼干

小贴士

如果没有立式搅拌机，第2步操作可以用手持式电动搅拌机，但是第3步操作要用一把木勺搅拌面粉混合物。

烤这么多饼干用4个烤盘会更容易，2个不太够。烤第一批饼干的时候，你可以为第二批饼干做造型，这样第一批一烤好就可以烤第二批。

用第一个面团的时候，可以把其他的面团放在冰箱里。冷藏过的面团能更好地保持造型。

花样小变动

核桃可以换成榛子、杏仁或者胡桃。

这一配方是在我最喜欢的林茨饼干基础上稍作了改动。我每个圣诞节都做这款坚果果酱夹心饼干。少许的肉桂和橙皮毫无疑问地赋予了它们节日的感觉，但是我怀疑如果我夏天烤这款饼干会不会有人介意！

- 带桨叶的立式搅拌机（见左侧小贴士）
- 精选的饼干切模
- 2~4个铺好烤盘纸的烤盘（见左侧小贴士）

3 1/2 杯	中筋粉	875毫升
1 1/2 茶匙	肉桂粉	7毫升
1/2 茶匙	发酵粉	2毫升
1/2 茶匙	盐	2毫升
1 1/4 杯	白糖	300毫升
1 1/2 杯	室温状态下的无盐黄油	375毫升
1	鸡蛋	1
1	蛋黄	1
2 茶匙	橙皮碎	10毫升
1 茶匙	纯香草精	5毫升
3 杯	核桃碎	750毫升

1. 用一个中号碗，把中筋粉、肉桂粉、发酵粉和盐一起搅拌。
2. 把白糖和黄油放入立式搅拌机的碗里，中速搅打约3分钟至轻盈蓬松状。加入鸡蛋、蛋黄、橙皮碎和香草精，搅打至混合均匀。加入核桃碎搅打。
3. 搅拌机低速搅打，逐渐往碗里添加面粉混合物，搅打至混合均匀。
4. 把面团拿出来放在台面上，分成3等份。每份压成圆盘状，用保鲜膜包紧。放冰箱冷藏至少2小时至冷透，最多能放3天。
5. 将烤箱预热到180℃，把2个烤架放在烤箱内。
6. 在台面上撒一层面粉，把其中一个面饼擀至0.5厘米的厚度。用饼干切模压出造型，轻轻放到准备好的两个烤盘上，饼干间隔约2.5厘米。如果有必要的话把余下的边角料再重新擀制。把剩下的面团重复这一操作。
7. 烤制11~15分钟，中间换一下烤盘位置，直到饼干烤好，并且稍微有点焦黄。让饼干在烤盘里冷却10分钟，然后小心地拿到冷却架上，完全冷却后再进行装饰。
8. 用余下的面团重复第6~7步。

经典蛋白糖霜

如果本书中所有的饼干有一个共同点的话，那就是都用到了蛋白糖霜。蛋白糖霜是饼干装饰师最好的朋友，可以让我们创作出充满个性和风格的绚烂多彩层次分明的作品。因为糖霜干了会变硬，所以它也非常适合包装、运送以及传递饼干装饰的乐趣！

- 带桨叶的立式搅拌机（见右侧小贴士）

2磅	过筛的糖粉	1公斤
6汤匙	蛋清粉	90毫升
14汤匙	温水	210毫升
1汤匙	鲜榨柠檬汁	15毫升

1. 把过筛的糖粉和蛋清粉放入立式搅拌机的碗里，低速搅打至混合均匀。
2. 把水和柠檬汁放入量杯（最好是带个小嘴的量杯）里搅拌混合。
3. 搅拌机低速搅打，逐渐往碗里加入液体混合物，搅打至混合均匀。此时，糖霜是很稀的（不用担心！）。
4. 搅拌机加速到中速，搅打4分钟，如果需要的话停下来刮一下碗边。
5. 搅拌机加速到高速，搅打3~5分钟至糖霜变得坚挺有光泽，糖霜可以直立在桨叶上不下沉。

花样小变动

薄荷蛋白糖霜：把柠檬汁换成1~2茶匙（5~10毫升）的薄荷香精（取决于你想要的薄荷味的多少）。这个口味搭配上黑巧克力甜饼干（第40页）太棒了。

香草蛋白糖霜：把柠檬汁换成1汤匙（15毫升）的香草精。尝试找一个浅色的香精，因为深色的香精会让糖霜染色。搭配辣姜饼干（第44页）或者花生酱甜饼干（第41页）。

椰子蛋白糖霜：把柠檬汁换成1~2茶匙（5~10毫升）的椰子香精。搭配柠檬椰丝饼干（第45页）。

枫叶蛋白糖霜：把柠檬汁换成1~2茶匙（5~10毫升）的枫叶香精。既然这种香精颜色深，它或许会稍微让糖霜的颜色变深。使用白色啫喱状色素可以把颜色恢复至原来的白色。这款糖霜可以搭配佛蒙特枫糖饼干（第42页）或者核桃坚果饼干（第46页）。

橙子、酸橙或者柠檬蛋白糖霜：把1/4杯（60毫升）水（或者更多，如果你想要口味浓一点的话）换成橙子、酸橙或者柠檬汁。搭配朱莉·安妮经典香草橙子甜饼干（第36页）。

杏仁蛋白糖霜：把柠檬汁换成1~2茶匙（5~10毫升）的杏仁香精。这款糖霜搭配全麦甜饼干（第39页）味道好极了。

制作约6杯（1.5升）

小贴士

如果没有立式搅拌机，手持电动搅拌机也可以——它或许只需多花几分钟就可以让糖霜达到合适的状态。

我喜欢柠檬口味的糖霜，因为我认为酸酸的味道和甜甜的糖粉、饼干相得益彰。我经常把这个配方中的一些温水换成柠檬汁，这取决于我想要糖霜达到的酸甜度！

如果用其他口味来代替柠檬汁，要记住油分太多的调味料加多的话会影响到糖霜打发的效果。我提供的上述几款其他口味的配方不会影响到糖霜的打发。

把蛋白糖霜调制成两步糖霜（第24页）来给饼干勾画轮廓和填充。

素食蛋白糖霜

制作约6杯（1.5升）

小贴士

如果没有立式搅拌机，手持电动搅拌机也可以——它或许只需多花几分钟就可以让糖霜达到合适的状态。

花样小变动

把椰汁换成杏仁奶。

把柠檬汁换成香草精。尝试去找一个浅色的香精，因为深色的香精会让糖霜染色。

因为本配方中没有以鸡蛋为原料的蛋清粉，所以这款素食版的蛋白糖霜（第47页）更像是裹了一层可爱闪亮外衣的糖浆。把这一糖霜当成普通的糖霜来使用，只是让它在饼干上定型的时间多一些，通常1~2天（这段时间内室温下饼干不用覆盖）。

- 带桨叶的立式搅拌机（见左侧小贴士）

4磅	过筛的糖粉	2公斤
7汤匙	无糖椰汁	105毫升
1汤匙	鲜榨柠檬汁	15毫升
1/3杯	浅色玉米糖浆	75毫升

1. 把糖粉放入立式搅拌机的碗里。
2. 把椰汁和柠檬汁在量杯（最好是带个小嘴的量杯）里搅拌混合。
3. 搅拌机低速搅打，逐渐往碗里加入椰汁柠檬汁混合物，搅打至混合均匀。加入浅色玉米糖浆搅拌均匀。
4. 把搅拌机加速到中高速，搅打2~3分钟至糖霜平滑有光泽。

第二部分

装饰饼干

第三章
饼干之季节篇

春季
复活节的邦尼兔 52
胡萝卜 54
鸡与蛋 56
雨伞和雨点 58
波尔卡圆点帽 60

夏季
蝴蝶 62
太阳镜 64
比基尼 65
泳裤 66
人字拖 68
蛋卷冰淇淋 70

秋季
女巫帽 72
女巫的扫帚 74
木乃伊捣蛋鬼 76
南瓜 78
橡子 80
松鼠 82
秋叶 84

冬季
雪人 85
雪花 88
手套 90
冬帽 91
喜庆的圣诞毛衣 92
圣诞树 94
圣诞彩灯 96
薄荷糖果 98
圣诞袜 100
红鼻子驯鹿鲁道夫 102
冬青叶席次牌 104

春季

复活节的邦尼兔

当复活节的邦尼兔把彩蛋和竹篮藏在我家房子里的时候，我和哥哥为了这什么事都不做了。这个淘气的小家伙从来不会把这些东西藏在显眼的地方，比如藏在床下或者树下。我们花了大清早的时间翻箱倒柜地到处找，从装米的盒子（这让我妈妈暴跳如雷）到车库里面的箱子。我们从来没有找不到过，这简直是奇迹。找了一大清早的鸡蛋孩子们都找累了，端上来这些可爱的邦尼兔饼干，他们肯定会胃口大开！制作大约30块饼干。

需要的原料和工具

- 1个配方的饼干面团（第36~46页）
- 邦尼兔饼干切模
- 1个配方的蛋白糖霜（第47页）
- 黑色啫喱状色素
- 暗红色或紫色啫喱状色素
- 粉红色啫喱状色素
- 2个挤压瓶
- 玉米淀粉
- 小号擀面杖
- 白色翻糖
- 粉红色翻糖
- 3厘米圆形切模（见小贴士）
- 2厘米圆形切模
- 2个一次性裱花袋
- 2个连接器
- 2个2号圆形裱花嘴

所需技巧

- 染色糖霜（第22页）
- 填充挤压瓶（第24页）
- 浇饰（第27页）
- 填充（第28页）
- 使用翻糖（第30页）
- 填充裱花袋（第24页）

准备工作

烘焙饼干： 把面团擀好，用邦尼兔饼干切模压出造型。根据配方指南烘烤。装饰前要完全冷却。

糖霜的着色及稀释： 把¾杯（175毫升）糖霜放入碗里，染成黑色。把¼杯（60毫升）糖霜放入碗里保持白色。把两个碗密封好放在一边备用。把1½杯（375毫升）糖霜放入碗里，染成暗红色或者紫色。把剩余的糖霜染成粉红色。把暗红色和粉红色糖霜按"两步糖霜"（第24页）浓度标准稀释，再分别装入挤压瓶。

1 用粉红色糖霜浇饰出邦尼兔的轮廓。在每个耳朵里面画出1个三角形的区域。

2 用粉红色糖霜填充邦尼兔，留出耳朵内的三角形区域用别的颜色来填充。

3 用暗红色糖霜填充耳朵内区域。糖霜静置定型至少6小时或者一整晚。

4 同时，在撒了少许玉米淀粉的台面上把白色翻糖擀至2毫米的厚度。用3厘米的圆形切模压出圆片，每块饼干需要2片。

春季

5
台面上撒一些玉米淀粉，把粉红色翻糖擀至2毫米的厚度。用2厘米的圆形切模压出粉红色圆片，每块饼干需要1片。把所有的圆片放在烤盘上晾干，晾置至少4小时或者一整晚。

6
把每个翻糖圆片的背面抹一点糖霜粘到饼干上，2个白色圆片做眼睛，1个粉红色圆片做鼻子。这3个圆片要相互挨着，不能重叠。

7
把黑色糖霜和白色糖霜分别装入带有2号裱花嘴的裱花袋。用白色糖霜在每个邦尼兔脸的下端挤出2个方形的牙齿。

8
用黑色糖霜在每个邦尼兔眼睛上挤出眼珠，都朝着一个方向看。从鼻子开始挤出胡须。把饼干晾干，食用前晾置至少4小时。

小贴士
由于你的邦尼兔切模可能比我的稍大一点或稍小一点，你可能需要大一点或者小一点的切模在翻糖上压出圆片来做眼睛和鼻子。尽量采用我所用到的相同的比例。

把这些饥饿的邦尼兔和胡萝卜饼干（第54页）搭配在一起.

花样小变动
用蓝色糖霜代替粉红色糖霜来为邦尼兔勾画轮廓并且填充。或者做一半粉红色的，一半蓝色的。

第三章 饼干之季节篇

春季

胡萝卜

复活节的邦尼兔藏好了所有的彩蛋之后,它一定想吃一些爽脆多汁的胡萝卜!尽管这一图案是本书中最简单的图案之一,它也让你练习了叶形裱花嘴的使用,等装饰蛋糕的时候就可以信手拈来。这款饼干可以和复活节的邦尼兔饼干(第52页)搭配到一起。制作大约36块饼干。

需要的原料和工具

- 1个配方的饼干面团(第36~46页)
- 胡萝卜饼干切模
- 1个配方的蛋白糖霜(第47页)
- 绿色啫喱状色素
- 橙色啫喱状色素
- 一次性裱花袋
- 连接器
- 66或67号叶形裱花嘴(见小贴士)
- 挤压瓶
- 小号食品刷
- 橙色或金色金属光泽亮粉

所需技巧

- 染色糖霜(第22页)
- 填充裱花袋(第24页)
- 填充挤压瓶(第24页)
- 浇饰(第27页)
- 填充(第28页)
- 添加闪光装饰品(第28页)

准备工作

烘焙饼干: 把面团擀好,用胡萝卜饼干切模压出造型。根据配方指南烘烤。装饰前要完全冷却。

糖霜的着色及稀释: 把1/3的糖霜放入碗里并且染成绿色,装入带有66号或者67号叶形裱花嘴的裱花袋里。把剩余的糖霜染成橙色,按"两步糖霜"(第24页)浓度标准稀释,然后装入挤压瓶。

1 用橙色糖霜浇饰出胡萝卜的节,间隔如图所示。

2 把浇饰出的区域用橙色糖霜填充,这样每个胡萝卜用间隔一定距离的橙色横条覆盖了一半。让糖霜静置15分钟。

3 用橙色糖霜把胡萝卜剩余的部分浇饰出来。

4 把浇饰出的区域用橙色糖霜填充。

春季

5 用绿色糖霜在每个胡萝卜的顶端从中间挤出一片叶子，给两边留出空间。

6 在中间叶子的右侧挤出另外一片叶子。

7 在中间叶子的左侧挤出第三片叶子。让糖霜静置定型至少6小时或一整晚。

8 用一把小号食品刷轻轻地在每个胡萝卜上刷一层金属光泽亮粉。

小贴士

　　66号和67号裱花嘴是叶子形状的。这类形状特殊的裱花嘴在手工制作用品店的烘焙区就可以找到。有些裱花嘴只是偶尔用一下，叶形裱花嘴用得较多，所以很值得买。

　　如果挤压瓶里装不下所有的橙色糖霜，那么把剩余的糖霜密封，需要时再装到挤压瓶里。

　　把胡萝卜分段浇饰轮廓和填充，这样饼干看上去就有了层次感。

　　挤叶子造型时，手持裱花袋与饼干表面呈45°角，接触面尽量大一点。挤压裱花袋挤出叶片的底部，然后提起裱花嘴的同时放松，这样就在叶子的末端形成一个点，停止挤压拿走裱花袋。你可能在往饼干上挤叶子之前先要在烤盘纸上练习一下。

春季

鸡与蛋

先有鸡还是先有蛋？这个图案中，你可以让两者并存：一个可爱的鸡宝宝，长着一对橙色的小爪和一簇羽毛，还有一个装饰亮丽的鸡蛋，让鸡宝宝的外衣更漂亮。一个非常棒的答案！制作大约30块饼干。

需要的原料和工具

- 1个配方的饼干面团（第36~46页）
- 鸡蛋饼干切模
- 1个配方的蛋白糖霜（第47页）
- 蓝色啫喱状色素
- 红色啫喱状色素
- 橙色啫喱状色素
- 黄色啫喱状色素
- 挤压瓶
- 橙色翻糖
- 美工刀
- 4个一次性裱花袋
- 4个连接器
- 2个2号圆形裱花嘴
- 2个1号圆形裱花嘴
- 镊子
- 蛋白糖霜眼睛

所需技巧

- 染色糖霜（第22页）
- 填充挤压瓶（第24页）
- 浇饰（第27页）
- 填充（第28页）
- 使用翻糖（第30页）
- 使用美工刀（第31页）
- 填充裱花袋（第24页）
- 添加装饰品（第31页）

准备工作

烘焙饼干：把面团擀好，用鸡蛋饼干切模压出造型。根据配方指南烘烤。装饰前要完全冷却。

糖霜的着色及稀释：把¾杯（175毫升）糖霜分别放入两个碗里，一个碗里的糖霜染成蓝色，另一个碗里的糖霜保持白色。把½杯（125毫升）糖霜放入碗里，染成红色。把¼杯（60毫升）糖霜放入碗里，染成橙色。把所有的碗密封放在一边备用。把剩余的糖霜染成黄色，然后按"两步糖霜"（第24页）浓度标准稀释并且装到挤压瓶里。

1 用黄色糖霜浇饰出鸡蛋的轮廓并填充。让糖霜静置定型至少6小时或者一整晚。

2 同时，制作羽毛的造型。把一小块翻糖压成宽约1厘米、长约2厘米的小椭圆形，用美工刀在椭圆形上轻轻切出痕迹，不要切到底，形成一个有纹理的扇形。为每个饼干做1个。

3 用小块翻糖做出鸡宝宝的小爪和腿的造型。让小爪平滑圆润，腿略瘦一些，顶端要扁平，这样粘到饼干背面就会平整一点。为每个饼干制作2条腿。把所有的翻糖片放在烤盘上晾干，至少4小时或一整晚。

4 把蓝色糖霜和白色糖霜分别装入带2号裱花嘴的裱花袋里，把红色糖霜和橙色糖霜分别装入带1号裱花嘴的裱花袋里。用蓝色、白色和红色糖霜分别在每个鸡蛋的下端三分之一处挤出锯齿形线条和圆点，如图所示。

春季

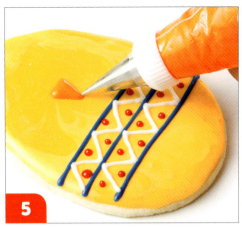

5 用橙色糖霜在每个鸡蛋的上半部分挤出1个小的三角形的嘴。

6 用镊子夹起蛋白糖霜眼睛，在背面蘸少许糖霜，在每个鸡蛋的嘴的上方贴上2只眼睛。

7 在每一簇羽毛的背面蘸少许糖霜，贴在每个鸡蛋的顶端中间，正对眼睛上方。

8 把腿的扁平部分的正面蘸少许糖霜，在每个鸡蛋的背面底部贴上2条腿。把饼干晾干，食用前晾置至少6小时。

小贴士

当你在挤第4步中的图案时，你可以用直尺和美工刀来辅助挤出壁纸般平滑的线条。

添加比如像蛋白糖霜眼睛之类的装饰时，用镊子操作会更容易。多购置一副镊子，和你的装饰工具一起放在顺手的地方。

如果你手头没有蛋白糖霜眼睛，用黑色糖霜和带2号裱花嘴的裱花袋简单挤一些就可以。

这款饼干可以搭配复活节的邦尼兔饼干（第52页）一起放入复活节竹篮里。

春季

雨伞和雨点

四月的阵雨和突如其来的雨点需要一把大的,最好是时尚的雨伞,来为你遮风挡雨。这一别致的图案对于初学者非常合适,仅需要一些基础的浇饰和填充的技巧,但是吸引眼球的最终造型将会换来众口的称赞。制作大约36块饼干。

需要的原料和工具
- 1个配方的饼干面团（第36~46页）
- 雨伞饼干切模
- 小雨点饼干切模
- 1个配方的蛋白糖霜（第47页）
- 黑色啫喱状色素
- 粉红色啫喱状色素
- 褐色啫喱状色素
- 3个挤压瓶
- 精制蓝色砂糖
- 一次性裱花袋
- 连接器
- 2号圆形裱花嘴

所需技巧
- 染色糖霜（第22页）
- 填充挤压瓶（第24页）
- 浇饰（第27页）
- 填充（第28页）
- 添加闪光装饰品（第28页）
- 在未干的糖霜上挤造型（第28页）
- 填充裱花袋（第24页）

准备工作

烘焙饼干： 把面团擀好,用雨伞饼干切模压出造型。为每把雨伞压出4~5个雨点造型。根据配方指南烘烤。装饰前要完全冷却。

糖霜的着色及稀释： 把1杯（250毫升）糖霜分别放入两个碗里,一个碗里的糖霜染成黑色,另一个碗里的糖霜保持白色。把黑色糖霜密封放在一边备用。把剩余的糖霜平均装到两个碗里,一个碗里的染成粉红色,另一个染成褐色。把白色、粉红色和褐色糖霜按"两步糖霜"（第24页）浓度标准稀释,然后分别装到挤压瓶里。

1 用白色糖霜浇饰雨点饼干的轮廓,一次只装饰一块饼干。

2 用白色糖霜填充雨点。

3 趁白色糖霜未干的时候,把砂糖撒在雨点饼干上,抖掉多余的砂糖。在所有的雨点饼干上重复第1~3步。让糖霜静置定型至少6小时或者一整晚。

4 同时,用褐色糖霜浇饰雨伞伞面的轮廓。

春季

5

用粉红色糖霜填充雨伞伞面,一次只装饰一块饼干。

6

趁粉红色糖霜还没干的时候,用褐色糖霜在粉红色糖霜上挤圆点图案。在所有的雨伞饼干上重复第5~6步。让糖霜静置定型至少6小时或者一整晚。

7

把黑色糖霜装到带2号裱花嘴的裱花袋里,在每一块雨伞饼干上挤出一个伞柄,包括一个粗一点的把手。

8

用褐色糖霜在每个雨伞伞面上挤出3条线,中间竖直一条,弯向左边一条,弯向右边一条,把每个伞面分成4部分。让饼干晾干,食用前晾置至少4小时。

小贴士

在手工制作用品店的烘焙区可以找到雨点饼干切模。

撒砂糖的时候,把多余的砂糖抖到一张烤盘纸上,把它们重新收回到罐子里,这样可以减少浪费。

如果在抖动之后仍有多余的砂糖粘在饼干上,不要担心。等到糖霜完全晾干之后,用一把小号食品刷或者棉签轻轻地把不需要的砂糖刷掉。

第三章 饼干之季节篇

春季

波尔卡圆点帽

需要的原料和工具

- 1个配方的饼干面团（第36~46页）
- 帽子饼干切模
- 1个配方的蛋白糖霜（第47页）
- 蓝色啫喱状色素
- 2个挤压瓶
- 玉米淀粉
- 小号擀面杖
- 粉红色翻糖
- 小花切模
- 浅粉红色砂糖

所需技巧

- 染色糖霜（第22页）
- 填充挤压瓶（第24页）
- 浇饰（第27页）
- 填充（第28页）
- 在未干的糖霜上挤造型（第28页）
- 使用翻糖（第30页）
- 添加闪光装饰品（第28页）

我喜欢漂亮的帽子。哦，让我换个说法：我喜欢漂亮帽子的这个创意，但是我似乎从来没有戴过（都怪我的大脑袋）。幸运的是，这些漂亮的帽子在你的手掌里大小正合适。这款饼干可以当做母亲节的特别礼物或者肯塔基赛马会的宴会糕点。制作大约36块饼干。

> **准备工作**
>
> **烘焙饼干：** 把面团擀好，用帽子饼干切模压出造型。根据配方指南烘烤。装饰前要完全冷却。
>
> **糖霜的着色及稀释：** 把所有的糖霜平均装到两个碗里，一个碗里的染成浅蓝色，另一个碗里的保持白色。把浅蓝色糖霜和白色糖霜按"两步糖霜"（第24页）浓度标准稀释，然后分别装到挤压瓶里。

1 用浅蓝色糖霜浇饰帽子的轮廓，一次只装饰一块饼干。

2 用浅蓝色糖霜填充帽子。

3 趁浅蓝色糖霜还没干的时候，用白色糖霜在帽子上挤出圆点的造型。在所有的饼干上重复第1~3步。让糖霜静置定型至少6小时或者一整晚。

4 同时，在台面上撒一层玉米淀粉，把翻糖擀至2毫米的厚度，用小花切模给每块饼干压出3朵花。把压出的小花放在烤盘上晾干，至少放置4小时或者一整晚。

5 用白色糖霜穿过帽子的中间沿水平方向挤出1条粗带子。

6 趁白色糖霜还没干的时候,在带子上撒上砂糖,抖掉多余的。在所有的饼干上重复第5~6步。

7 在每朵小花的背面蘸少许糖霜,在每条带子上并排粘上3朵花。

8 用浅蓝色糖霜在每朵花的中心挤1个小圆点。把饼干晾干,食用前晾置至少6小时。

春季

小贴士

如果挤压瓶里装不了所有的浅蓝色糖霜和白色糖霜,要把剩余的糖霜密封,需要时再装进挤压瓶。

把暂时不用的翻糖用保鲜膜紧紧包好,因为翻糖干得很快,干了就不能用了。

用镊子来添加花朵等装饰会更容易。多购置一副镊子,和你的装饰工具一起放在顺手的地方。

花样小变动

混合搭配帽子和圆点的颜色来制作出各种各样的帽子。尝试把褐色和浅粉色搭配,或者黑色、白色和红色搭配。

用翻糖蝴蝶结来代替花朵粘在带子上。

夏季

蝴蝶

需要的原料和工具
- 1个配方的饼干面团（第36~46页）
- 蝴蝶饼干切模
- 1个配方的蛋白糖霜（第47页）
- 黑色啫喱状色素
- 橙色啫喱状色素
- 黄色啫喱状色素
- 4个挤压瓶
- 牙签

所需技巧
- 染色糖霜（第22页）
- 填充挤压瓶（第24页）
- 浇饰（第27页）
- 填充（第28页）

我清晰地记得光着脚丫在草地上到处跑，追逐色彩艳丽的蝴蝶，但很少捉住过。这款让人叹为观止的饼干灵感来自金脉黑斑蝶。它们制作起来要比看上去简单得多，但是你不用告诉别人！制作大约30块饼干。

准备工作

烘焙饼干： 把面团擀好，用蝴蝶饼干切模压出造型。根据配方指南烘烤。装饰前要完全冷却。

糖霜的稀释及着色： 把糖霜按"两步糖霜"（第24页）浓度标准稀释。然后平均装到四个碗里，把碗里的糖霜分别染成黑色、橙色和黄色，留一个保持白色。把所有的糖霜分别装进挤压瓶。

1 用黑色糖霜浇饰蝴蝶左侧翅膀的上下两部分，一次只装饰一块饼干。

2 用橙色糖霜填充左侧翅膀上半部分，用黄色糖霜填充下半部分。

3 用黑色糖霜沿着轮廓的线条在橙色区域内挤出1条线。

4 把牙签尖放在外圈的黑色轮廓线上，穿过橙色糖霜和内圈黑线拖至橙色糖霜的中心。围绕橙色区域沿逆时针方向重复操作几次。

夏季

5 用黑色糖霜沿着轮廓在黄色区域内挤出1条线，在黄色区域内重复第4步。

6 用白色糖霜在翅膀的黑色轮廓线上挤出圆点，圆点沿顶端、左侧和底端还有橙色区域和黄色区域的分割线均匀分布，但是注意最贴近蝴蝶中心的部分完全保留黑色，不挤圆点。

7 在蝴蝶的右侧翅膀上重复第1～6步。

8 用黑色糖霜挤出蝴蝶的头和细长的身体，与两个翅膀相连。在所有的饼干上重复第1～8步。把饼干晾干，食用前晾置至少6小时。

小贴士

饼干面团冷藏后能最好地保持造型。如果擀好的面团在压造型的时候温度变高，小心地把它放到烤盘上并且放进冰箱冷藏15分钟再继续使用。

有时候用糖霜填充饼干时会产生一些气泡，可以用牙签尖把气泡挑破。

花样小变动

蝴蝶的翅膀可以尝试用不同的颜色搭配，比如艳粉色和亮蓝色。

第三章 饼干之季节篇

夏季

太阳镜

大夏天如果没有太阳镜的遮挡你简直没法去游泳池或海滩。这副闪亮的太阳镜一定会吸引众多正享受阳光浴的人们的目光。可以做成你喜欢的颜色，并搭配上合适的亮粉。制作大约36块饼干。

需要的原料和工具

- 1个配方的饼干面团（第36~46页）
- 太阳镜饼干切模
- 1个配方的蛋白糖霜（第47页）
- 一次性裱花袋
- 连接器
- 1号圆形裱花嘴
- 黑色啫喱状色素
- 蓝色啫喱状色素
- 2个挤压瓶
- 蓝色亮粉

所需技巧

- 染色糖霜（第22页）
- 填充挤压瓶（第24页）
- 浇饰（第27页）
- 填充（第28页）
- 添加闪光装饰品（第28页）

准备工作

烘焙饼干：把面团擀好，用太阳镜饼干切模压出造型。根据配方指南烘烤。装饰前要完全冷却。

糖霜的着色及稀释：把1/4杯（60毫升）白色糖霜装进带1号裱花嘴的裱花袋。把剩余的糖霜平均装到两个碗里，一个碗里的糖霜染成黑色，另一个染成蓝色。把黑色和蓝色糖霜按"两步糖霜"（第24页）浓度标准稀释，然后分别装进挤压瓶里。

1 用蓝色糖霜浇饰太阳镜框架的轮廓，并且填充镜框，留出镜片的空间，一次只装饰一块饼干。

2 趁蓝色糖霜还没干的时候，给镜框撒上亮粉，抖掉多余的部分。在所有的饼干上重复第1~2步。让糖霜静置10分钟。

3 用黑色糖霜把镜片涂满，一次只装饰一块饼干。在每个镜片的外边缘处挤出2个白色的突出亮点。在所有的饼干上重复操作。把饼干晾干，食用前晾置至少6小时。

比基尼

这些可爱的小小比基尼饼干是海滩野餐或者泳池派对的最佳选择。做这款饼干很有趣,可以混合搭配一下颜色和款式。尝试用柠檬椰丝饼干面团(第45页)和柠檬蛋白糖霜(第47页花样小变动)来制作。制作大约36块饼干。

> **准备工作**
>
> **烘焙饼干:** 把面团擀好,用比基尼饼干切模压出造型。根据配方指南烘烤。装饰前要完全冷却。
>
> **糖霜的着色及稀释:** 把½杯(125毫升)糖霜分别放入两个碗里,一个碗里的糖霜染成黄色,另一个保持白色,密封放在一边备用。把剩余的糖霜染成蓝绿色,按"两步糖霜"(第24页)浓度标准稀释,然后装进挤压瓶(把剩余的蓝绿色糖霜紧紧密封,需要时再装到挤压瓶里)。

夏季

需要的原料和工具

- 1个配方的饼干面团(第36~46页)
- 比基尼饼干切模
- 1个配方的蛋白糖霜(第47页)
- 黄色啫喱状色素
- 蓝绿色啫喱状色素
- 挤压瓶
- 2个一次性裱花袋
- 2个连接器
- 1号圆形裱花嘴
- 2号圆形裱花嘴

所需技巧

- 染色糖霜(第22页)
- 填充挤压瓶(第24页)
- 浇饰(第27页)
- 填充(第28页)
- 填充裱花袋(第24页)

1 用蓝绿色糖霜勾画出比基尼胸衣和三角裤的轮廓并且填充。让糖霜静置定型至少6小时或者一整晚。

2 把白色糖霜装到带1号裱花嘴的裱花袋里,在每件比基尼胸衣的中间挤出1朵大的雏菊,在比基尼三角裤上沿腰线挤出5朵小雏菊,留出两头的位置。

3 把黄色糖霜装到带2号裱花嘴的裱花袋里,在所有雏菊的中间挤圆点,在比基尼三角裤的两头各挤1个小的蝴蝶结。把饼干晾干,食用前晾置至少3小时。

夏季

泳裤

正如比基尼饼干（第65页）一样，这些色彩艳丽的泳裤对于海滩野餐或者泳池派对来说都是方便携带的可爱的小糕点。如果你真的想要引起轰动，那么制作整个主题饼干托盘，包括太阳镜（第64页）、人字拖（第68页）和海星（第148页）！制作大约36块饼干。

需要的原料和工具

- 1个配方的饼干面团（第36~46页）
- 短裤饼干切模
- 1个配方的蛋白糖霜（第47页）
- 绿色啫喱状色素
- 桃红色或橙色啫喱状色素
- 2个挤压瓶
- 白色翻糖
- 一次性裱花袋
- 连接器
- 2号圆形裱花嘴
- 镊子

所需技巧

- 染色糖霜（第22页）
- 填充挤压瓶（第24页）
- 浇饰（第27页）
- 填充（第28页）
- 使用翻糖（第30页）
- 填充裱花袋（第24页）

准备工作

烘焙饼干：把面团擀好，用短裤饼干切模压出造型。根据配方指南烘烤。装饰前要完全冷却。

糖霜的着色及稀释：把糖霜平均装进两个碗里，一个碗里的糖霜染成浅绿色，另一个碗里的染成桃红色或橙色。把一半桃红色糖霜装进另一个碗里，密封放在一边备用。把浅绿色糖霜和剩余的桃红色糖霜按"两步糖霜"（第24页）浓度标准稀释，然后分别装进挤压瓶。

1 用浅绿色糖霜浇饰短裤的轮廓，一次只装饰一块饼干。

2 用浅绿色糖霜填充短裤。

3 趁浅绿色糖霜还没干的时候，用装桃红色糖霜的挤压瓶在短裤上挤出花朵或者星星的造型。在所有的饼干上重复第1~3步。让糖霜静置定型至少6小时或者一整晚。

4 同时，把翻糖搓成直径约3毫米的细绳。

夏季

5 把每条绳子做成一个简单的蝴蝶结造型。每块饼干制作1个蝴蝶结。把蝴蝶结放在烤盘上晾干,放置至少2小时或者一整晚。

6 把备用的桃红色糖霜装进带2号裱花嘴的裱花袋里,沿短裤的外边缘浇饰轮廓,一次只装饰一块饼干。

7 挤出1条桃红色的腰带和短裤的中线,如图所示。

8 趁桃红色糖霜还没干的时候,用镊子把翻糖蝴蝶结放在短裤的顶端中间的位置。在所有的饼干上重复第6~8步。把饼干晾干,食用前晾置至少3小时。

小贴士

把暂时不用的翻糖用保鲜膜紧紧包好,因为翻糖干得很快,干了就不能用了。

用镊子来添加蝴蝶结等装饰会更容易。多购置一副镊子,和你的装饰工具一起放在顺手的地方。

花样小变动

如果不用翻糖蝴蝶结,可以把白色糖霜装到带1号裱花嘴的裱花袋里,在短裤上挤出蝴蝶结。

夏季

人字拖

夏天的时候,我住的地方白天温度很少降到37℃以下,所以穿衣服以舒适为主。对我来说,背心裙和色彩亮丽的人字拖是最舒服的。这些饼干的灵感来自我从小到大的收藏品,室外热得没法待的时候在家里做这些饼干是一件很有趣的事情。制作大约30块饼干。

需要的原料和工具

- 1个配方的饼干面团（第36~46页）
- 人字拖饼干切模（见小贴士）
- 1个配方的蛋白糖霜（第47页）
- 桃红色啫喱状色素
- 亮蓝色啫喱状色素
- 艳粉色啫喱状色素
- 3个挤压瓶
- 玉米淀粉
- 小号擀面杖
- 蓝色翻糖
- 桃红色翻糖
- 小号星星切模
- 直尺
- 美工刀

所需技巧

- 染色糖霜（第22页）
- 填充挤压瓶（第24页）
- 浇饰（第27页）
- 填充（第28页）
- 在未干的糖霜上挤造型（第28页）
- 使用翻糖（第30页）
- 使用美工刀（第31页）

> **准备工作**
>
> **烘焙饼干：** 把面团擀好,用人字拖饼干切模压出造型。根据配方指南烘烤。装饰前要完全冷却。
>
> **糖霜的稀释及着色：** 把糖霜按"两步糖霜"（第24页）浓度标准稀释。把¾杯（175毫升）糖霜分别放入两个碗里,一个碗里的糖霜染成桃红色,另一个碗里的染成亮蓝色。把剩余的糖霜染成艳粉色。把所有的糖霜都分别装进挤压瓶里。

1 用艳粉色糖霜浇饰人字拖的轮廓并且填充,一次只装饰一块饼干。

2 趁艳粉色糖霜还没干的时候,用桃红色糖霜在人字拖上（见小贴士）挤出4条斜线,斜线平均分布。

3 用亮蓝色糖霜紧挨着每条桃红色斜线的下方挤一条斜线。在所有的饼干上重复第1~3步。让糖霜静置定型至少6小时或者一整晚。

4 同时,在台面上撒少许玉米淀粉,把蓝色翻糖擀至2毫米的厚度,用星星切模压出造型,为每只人字拖制作1颗星。把所有的星星放在烤盘上晾干,静置定型至少4小时或者一整晚。

夏季

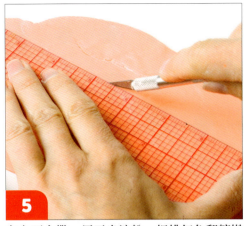

5 在台面上撒一层玉米淀粉，把桃红色翻糖擀至2毫米的厚度，用直尺和美工刀切出宽约1厘米的长条，长度约每只人字拖长度的一半。为每块饼干制作2个长条。

6 在人字拖顶端的中间和右侧中间的位置分别涂抹少许糖霜，一次只装饰一块饼干。把翻糖长条的一端粘到顶端的位置，另一端粘到中间的位置，把翻糖条弯出一个C的造型，看上去像人字拖的带子。

7 在人字拖左侧用另一个翻糖条重复第6步操作。在所有的饼干上重复第6～7步。

8 在每颗翻糖星星的背面蘸少许糖霜粘到人字拖顶端两个翻糖条结合的位置。把饼干晾干，食用前晾置至少6小时。

小贴士

压制人字拖造型的时候，一定记住要左脚人字拖和右脚人字拖各一半。这样的话，只需把切模翻过来压制另一半造型即可。

如果挤压瓶里装不下所有的艳粉色糖霜，要把剩余的糖霜紧紧密封，需要时再装到挤压瓶里。

第2步操作中，挤斜线时左脚和右脚要朝相反的方向。

如果你打算经常使用翻糖的话，美工刀是要买的。美工刀的刀刃要比削皮刀的刀刃更锋利，这样可以切得更干净利落。

第三章 饼干之季节篇

夏季

蛋卷冰淇淋

我不是特别喜欢甜点，但是我很少拒绝一碗冰淇淋或者一个蛋卷冰淇淋。炎炎夏日，一勺冰淇淋几乎是必需的，而且这个大大的蛋卷是我最喜欢的口味之一：薄荷巧克力脆皮，上面还有一颗樱桃！制作大约24块饼干。

需要的原料和工具

- 1个配方的饼干面团（第36～46页）
- 蛋卷冰淇淋饼干切模
- 1个配方的蛋白糖霜（第47页）
- 褐色啫喱状色素
- 薄荷或牛油果绿啫喱状色素
- 一次性裱花袋
- 连接器
- 1号圆形裱花嘴
- 3个挤压瓶
- 红色翻糖
- 镊子

所需技巧

- 染色糖霜（第22页）
- 填充裱花袋（第24页）
- 填充挤压瓶（第24页）
- 浇饰（第27页）
- 填充（第28页）
- 在未干的糖霜上挤造型（第28页）
- 使用翻糖（第30页）

准备工作

烘焙饼干：把面团擀好，用蛋卷冰淇淋饼干切模压出造型。根据配方指南烘烤。装饰前要完全冷却。

糖霜的着色及稀释：把糖霜平均装到四个碗里，分别染成深褐色、浅褐色、薄荷绿或者牛油果绿，留一个保持白色。把深褐色糖霜装到带1号裱花嘴的裱花袋里。把浅褐色糖霜、绿色糖霜和白色糖霜按"两步糖霜"（第24页）浓度标准稀释，然后分别装进挤压瓶里。

1 用浅褐色糖霜浇饰蛋卷的轮廓并且填充，如图所示。在顶端留出一个弧形的地方，让冰淇淋"滴下来"。

2 用绿色糖霜浇饰饼干的冰淇淋部分并且填充，在顶端给奶油部分留出空间，一次只装饰一块饼干。

3 趁绿色糖霜还没干的时候，在冰淇淋上挤出几个深褐色巧克力碎屑。在所有的饼干上重复第2～3步。

4 用白色糖霜浇饰每块饼干剩余的冰淇淋部分并且填充。让糖霜静置定型至少6小时或者一整晚。

5 同时，用2茶匙（10毫升）翻糖做成樱桃的造型。把背面压平让樱桃平整。

6 把翻糖揉成一条略微弯曲的小细绳，给樱桃做个柄。在柄的一头蘸少许水，轻轻用力粘到樱桃的顶端。为每块饼干制作1个樱桃。把樱桃放在烤盘上晾干，放置至少4小时或者一整晚。

7 用深褐色糖霜在每个蛋卷上挤出一个十字形图案，两个方向的线条要均匀分布。

8 在每个翻糖樱桃的背面蘸少许糖霜，把樱桃粘到每块饼干的奶油部分上。把饼干晾干，食用前晾置至少4小时。

夏季

小贴士

添加比如像樱桃之类的装饰时，用镊子操作会更容易。多购置一副镊子，和你的装饰工具一起放在顺手的地方。

用黑巧克力甜饼干面团（第40页）搭配上薄荷蛋白糖霜（第47页花样小变动）来制作这款饼干味道好极了。

花样小变动

根据你自己的喜好来改变冰淇淋的颜色。

把奶油部分换成另一个冰淇淋球，这样就成了双球蛋卷冰淇淋。

冰淇淋上面如果不放樱桃，可以趁糖霜还没干的时候，在顶端撒一层彩色的亮粉。

秋季

女巫帽

我记得从小到大的万圣节我至少有三次扮作女巫。当然不用说，我从来没有得过最具创意装扮奖！这款饼干把普通的黑色女巫帽变成了带有一点儿绚丽紫色魔力的特别的东西——不需要任何魔药！制作大约30块饼干。

需要的原料和工具

- 1个配方的饼干面团（第36~46页）
- 女巫帽饼干切模
- 1个配方的蛋白糖霜（第47页）
- 蓝色啫喱状色素
- 黑色啫喱状色素
- 紫色啫喱状色素
- 挤压瓶
- 紫色或蓝色亮粉
- 玉米淀粉
- 小号擀面杖
- 橙色翻糖
- 直尺
- 美工刀
- 2个一次性裱花袋
- 2个连接器
- 2个1号圆形裱花嘴

所需技巧

- 染色糖霜（第22页）
- 填充挤压瓶（第24页）
- 浇饰（第27页）
- 填充（第28页）
- 使用翻糖（第30页）
- 使用美工刀（第31页）
- 填充裱花袋（第24页）

准备工作

烘焙饼干：把面团擀好，用女巫帽饼干切模压出造型。根据配方指南烘烤。装饰前要完全冷却。

糖霜的着色及稀释：把1杯（250毫升）糖霜放入碗里，染成蓝色。再把½杯（125毫升）糖霜放入碗里，染成黑色。把两个碗密封，放到一边备用。把剩余的糖霜染成紫色，按"两步糖霜"（第24页）浓度标准稀释并且装到挤压瓶里。

1 一次只装饰一块饼干，用紫色糖霜浇饰帽子的轮廓。

2 用紫色糖霜填充帽子。

3 趁紫色糖霜还没干的时候，在帽子上撒上亮粉，抖掉多余的。在所有的饼干上重复第1~3步。让糖霜静置定型至少6小时或者一整晚。

4 同时，在台面上撒一层薄薄的玉米淀粉，把翻糖擀至3毫米的厚度。

秋季

5 用美工刀沿直尺切出宽大约1厘米的长条，长度正好是女巫帽三角形部分底边的长。为每块饼干制作1个长条。把长条放在烤盘上晾干，至少放4小时或者一整晚。

6 把蓝色和黑色糖霜分别装进带1号裱花嘴的裱花袋。用蓝色糖霜在每个帽子上挤出圆点造型。

7 在每个翻糖条的背面刷少许糖霜，把它粘到每个帽子三角形部分的底边上。

8 用黑色糖霜在每个长条的中间位置挤出1个搭扣，搭扣延伸到帽子上。把饼干晾干，食用前晾置至少6小时。

小贴士

如果挤压瓶里装不下所有的紫色糖霜，要把剩余的糖霜紧紧密封，需要时再装到挤压瓶里。

翻糖擀好后要让它静置15分钟（但是不要时间太长），然后再切造型。这样可以让翻糖硬一点，切得更干净。

把暂时不用的翻糖用保鲜膜紧紧包好，因为翻糖干得很快，干了就不能用了。

花样小变动

如果不在帽子上撒紫色或蓝色亮粉，可以涂上紫色或蓝色金属光泽亮粉，呈现出亚光闪亮的效果。在紫色糖霜完全干了之后，把金属光泽亮粉加入伏特加或者柠檬汁（见第30页）混合，仔细地刷在糖霜表面。把饼干完全晾干，晾置几小时或者一整晚。

秋季

女巫的扫帚

如果在做繁琐家务的间隙细细嚼上几块这样的饼干,那么做家务也会变得更愉悦!这些简单的扫帚可以当做万圣节甜点的一部分。搭配上紫色的女巫帽饼干(第72页),呈现出多彩的画面。制作大约40块饼干。

需要的原料和工具

- 1个配方的饼干面团(第36~46页)
- 扫帚饼干切模
- 1个配方的蛋白糖霜(第47页)
- 红色啫喱状色素
- 黄色啫喱状色素
- 褐色啫喱状色素
- 挤压瓶
- 小号食品刷
- 金色或黄色金属光泽亮粉
- 褐色或红褐色金属光泽亮粉
- 2个一次性裱花袋
- 2个连接器
- 2个2号圆形裱花嘴

所需技巧

- 染色糖霜(第22页)
- 填充挤压瓶(第24页)
- 浇饰(第27页)
- 填充(第28页)
- 添加闪光装饰品(第28页)
- 填充裱花袋(第24页)

准备工作

烘焙饼干: 把面团擀好,用扫帚饼干切模压出造型。根据配方指南烘烤。装饰前要完全冷却。

糖霜的着色及稀释: 把¾杯(175毫升)糖霜放入碗里,染成红色,密封后放到一边备用。把剩余的糖霜平均装到两个碗里,一个碗里的糖霜染成黄色,另一个碗里的染成褐色。把黄色糖霜装进带2号裱花嘴的裱花袋里。把褐色糖霜按"两步糖霜"(第24页)浓度标准稀释并且装到挤压瓶里。

1 用褐色糖霜浇饰扫帚的轮廓并且填充。

2 用黄色糖霜画出每根扫帚条。在每一把扫帚上挤出10~15根线条作为底层,从扫帚把的末端开始,一直延伸到扫帚头的中间位置,接着呈锥形发散直至扫帚的末端。让糖霜静置10分钟。

3 在每一把扫帚上再挤出10~15根扫帚条作为第二层。让糖霜静置10分钟。

4 在每一把扫帚上再挤出第三层,让扫帚条呈现层次感。让糖霜静置定型至少6小时或者一整晚。

秋季

5 用小号食品刷在扫帚条上轻轻刷一层金色金属光泽亮粉。

6 在扫帚把上轻轻刷一层褐色金属光泽亮粉。

7 用褐色糖霜浇饰每一个扫帚把的轮廓。

8 把红色糖霜装进带2号裱花嘴的裱花袋，在每一把扫帚的中间位置挤一条带子，然后在第一条带子和扫帚把中间再挤一条带子。把饼干晾干，食用前晾置至少4小时。

小贴士

饼干面团冷藏后能最好地保持造型。如果擀好的面团在压造型的时候温度变高，小心地把它放到烤盘上并且放进冰箱冷藏15分钟再继续使用。

蛋白糖霜不用的时候要保持密封，因为糖霜干得很快。

刷金属光泽亮粉的时候，要保证你用的食品刷是干的，否则亮粉会结块，而不是均匀地在表面覆盖薄薄的一层。

秋季

木乃伊捣蛋鬼

分发这些可爱的木乃伊饼干，让你的万圣节派对一炮打响。你甚至可以把装饰饼干的过程变成派对的一个有趣的活动。你需要的是大量的白色翻糖……和一点耐心！制作大约30块饼干。

需要的原料和工具

- 1个配方的饼干面团（第36~46页）
- 姜饼人饼干切模
- 1个配方的蛋白糖霜（第47页）
- 黑色啫喱状色素
- 挤压瓶
- 玉米淀粉
- 小号擀面杖
- 橙色翻糖
- 黑色翻糖
- 白色翻糖
- 直尺
- 美工刀
- 可食用记号笔
- 一次性裱花袋
- 连接器
- 1号圆形裱花嘴
- 镊子
- 蛋白糖霜眼睛

所需技巧

- 染色糖霜（第22页）
- 填充挤压瓶（第24页）
- 浇饰（第27页）
- 填充（第28页）
- 使用翻糖（第30页）
- 使用美工刀（第31页）
- 填充裱花袋（第24页）
- 添加装饰品（第31页）

> **准备工作**
>
> **烘焙饼干：** 把面团擀好，用姜饼人饼干切模压出造型。根据配方指南烘烤。装饰前要完全冷却。
>
> **糖霜的着色及稀释：** 把½杯（125毫升）糖霜放入碗里，染成黑色，密封后放到一边备用。把剩余的白色糖霜按"两步糖霜"（第24页）浓度标准稀释并且装到挤压瓶里。

1 用白色糖霜浇饰饼干的轮廓并且填充。让糖霜静置至少6小时或者一整晚。

2 同时，制作糖果袋。在台面上撒一层薄薄的玉米淀粉，把橙色翻糖擀至2毫米的厚度，用直尺和美工刀切出一个4厘米×2.5厘米的长方形。每块饼干制作1个长方形。

3 把黑色翻糖搓成很细的绳子，切成2.5厘米长的小段，并且把每段绳子弯成一个把手的造型。在每个把手的末端蘸少许水，轻压一下粘到橙色的长方形上。把糖果袋放到烤盘上晾干，放置至少6小时或者一整晚。

4 在台面上撒一层玉米淀粉，把白色翻糖擀至2毫米的厚度，用美工刀沿直尺切出大约1厘米宽的长条。为每块饼干制作几条。

5 为了让饼干看上去包裹得像木乃伊,把翻糖白条刷少许糖霜错乱地粘到饼干上,在饼干边缘处切掉多余的翻糖条,并且把末端压紧。给眼睛和嘴巴留出一个小空间。

6 用可食用记号笔在每个糖果袋上写上"trick or treat!"把每个糖果袋的背面刷少许糖霜粘到木乃伊的手上。

7 用镊子夹起蛋白糖霜眼睛,蘸少许糖霜粘到木乃伊的脸上,每个木乃伊粘2只眼睛。

8 把黑色糖霜装进带1号裱花嘴的裱花袋,在每个木乃伊的脸上挤出嘴巴。把饼干晾干,食用前晾置至少6小时。

秋季

小贴士

翻糖揉好后要让它静置15分钟(但是不要时间太长),然后再做造型。这样可以让翻糖硬一点,切得更干净。

如果你打算经常使用翻糖的话,美工刀是要买的。美工刀的刀刃要比削皮刀的刀刃更锋利,这样可以切得更干净利落。

添加比如像蛋白糖霜眼睛之类的装饰时,用镊子操作会更容易。多购置一副镊子,和你的装饰工具一起放在顺手的地方。

如果你手头没有蛋白糖霜眼睛,用黑色糖霜和带2号裱花嘴的裱花袋简单挤一些就可以。

秋季

南瓜

我最喜欢想起的关于秋天的事就是每年一次和爸爸到南瓜地里去，我和哥哥会挑选最好的南瓜来刻成南瓜灯。我总是挑那种又圆又饱满的，就像这些饼干。用我的南瓜味甜饼干面团（第43页）来烘焙饼干，搭配上香草味蛋白糖霜（第47页花样小变动）。制作大约36块饼干。

需要的原料和工具

- 1个配方的饼干面团（第36～46页）
- 南瓜饼干切模
- 1个配方的蛋白糖霜（第47页）
- 褐色啫喱状色素
- 橙色啫喱状色素
- 2个挤压瓶
- 玉米淀粉
- 小号擀面杖
- 牛油果绿色翻糖
- 小号叶子切模
- 尖头翻糖塑形工具（见小贴士）
- 小号食品刷
- 金色或橙色金属光泽亮粉
- 一次性裱花袋
- 连接器
- 2号圆形裱花嘴

所需技巧

- 染色糖霜（第22页）
- 填充挤压瓶（第24页）
- 浇饰（第27页）
- 填充（第28页）
- 使用翻糖（第30页）
- 填充裱花袋（第24页）

准备工作

烘焙饼干： 把面团擀好，用南瓜饼干切模压出造型。根据配方指南烘烤。装饰前要完全冷却。

糖霜的着色及稀释： 把½杯（125毫升）糖霜放入碗里，染成褐色。把剩余的糖霜染成橙色。把一半橙色糖霜放入另一个碗里，密封后放到一边备用。把褐色糖霜和剩余的橙色糖霜按"两步糖霜"（第24页）浓度标准稀释，然后分别装到挤压瓶里。

1 用装有橙色糖霜的挤压瓶浇饰南瓜轮廓并且填充。

2 用褐色糖霜浇饰南瓜的茎并且填充。让糖霜静置定型至少6小时或者一整晚。

3 同时，在台面上撒一层薄薄的玉米淀粉，把翻糖擀至3毫米的厚度，用叶子切模为每块饼干压1个叶子造型。用尖头翻糖塑形工具在每片叶子上画1个浅浅的纹理。

4 把翻糖搓成直径大约5毫米、长7.5厘米的绳子。把每条绳子缠绕几圈，末端捏成一个尖。为每块饼干制作1个藤蔓。把叶子和藤蔓放到烤盘上晾干，放置至少6小时或者一整晚。

5 用小号食品刷在每个南瓜上轻轻刷一层金属光泽亮粉。

6 把备用的橙色糖霜装进带2号裱花嘴的裱花袋，浇饰每个南瓜的轮廓。在每个南瓜的两侧分别挤出2条弧形的线，如图所示。

7 把每个翻糖藤蔓的背面蘸少许糖霜粘到南瓜上，做出从茎上垂下来的效果。

8 把每个叶子的背面蘸少许糖霜粘到南瓜上，让叶子宽的一头盖住藤蔓的顶端。把饼干晾干，食用前晾置至少4小时。

秋季

小贴士

本配方制作的饼干数量取决于切模的大小。我用的是7.5厘米大小的南瓜饼干切模。

如果没有叶子造型的切模，只需在擀好的翻糖上手工切出叶子造型即可。

如果没有尖头翻糖塑形工具，用一把不太锋利的黄油刀在叶子上压出纹理即可。

花样小变动

把这些南瓜变成南瓜灯！用挤压瓶装的黑色糖霜挤出两个眼睛、一个鼻子和一个露出牙齿大笑的嘴巴，然后填充勾画出的区域。如果需要比照着浇饰，可以先用可食用记号笔画出图案。

秋季

橡子

我在新泽西州长大，在那儿我们的前后院都有好多大橡树。我喜欢到处找橡子，尤其是找那些完整带盖子的橡子，这些橡子可以用来做装饰品或者留作美术课用。这款饼干可以和饥饿的松鼠饼干（第82页）搭配在一起，用核桃坚果饼干面团来烤制（第46页）！**制作大约30块饼干。**

需要的原料和工具

- 1个配方的饼干面团（第36~46页）
- 橡子饼干切模
- 1个配方的蛋白糖霜（第47页）
- 褐色啫喱状色素
- 2个挤压瓶
- 小号食品刷
- 褐色或红褐色金属光泽亮粉
- 一次性裱花袋
- 连接器
- 2号圆形裱花嘴
- 褐色砂糖

所需技巧

- 染色糖霜（第22页）
- 填充挤压瓶（第24页）
- 浇饰（第27页）
- 填充（第28页）
- 添加闪光装饰品（第28页）
- 填充裱花袋（第24页）

> **准备工作**
>
> **烘焙饼干**：把面团擀好，用橡子饼干切模压出造型。根据配方指南烘烤。装饰前要完全冷却。
>
> **糖霜的着色及稀释**：把糖霜平均装到两个碗里，一个碗里的糖霜染成浅褐色，另一个碗里的染成深褐色。把一半深褐色的糖霜装到另一个碗里，密封后放到一边备用。把浅褐色糖霜和剩余的深褐色糖霜按"两步糖霜"（第24页）浓度标准稀释，然后分别装到挤压瓶里。

1 用浅褐色糖霜浇饰橡子盖的轮廓并且填充，不包括橡子柄。

2 一次只装饰一块饼干，用装有深褐色糖霜的挤压瓶浇饰橡子的下半部分并且填充。

3 趁深褐色糖霜还没干的时候，用浅褐色糖霜在每个橡子上挤出2个突出亮点。在所有的饼干上重复第2~3步。让糖霜静置定型至少6小时或者一整晚。

4 用小号食品刷蘸金属光泽亮粉轻轻刷每个橡子的下半部分。

5 把备用的深褐色糖霜装到带2号裱花嘴的裱花袋里，在每个橡子上挤出一个柄。

6 一次只装饰一块饼干，用深褐色糖霜浇饰每个橡子盖的轮廓。

7 在每个橡子盖上用深褐色糖霜挤十字形图案，两个方向的线条要均匀分布。

8 趁糖霜还没干的时候，在橡子盖上撒上砂糖，抖掉多余的砂糖。在所有的饼干上重复第6~8步。把饼干晾干，食用前晾置至少6小时。

秋季

小贴士

本配方制作的饼干数量取决于切模的大小。我用的是7.5厘米大小的橡子切模。

刷金属光泽亮粉的时候，要保证使用的食品刷是干的，否则亮粉会结块，而不是均匀地在表面覆盖薄薄的一层。

如果在抖动之后仍有多余的砂糖粘在饼干上，不要担心。等到糖霜完全晾干之后，用一把小号食品刷或者棉签轻轻地把不需要的砂糖刷掉。

秋季

松鼠

这只饥饿的小松鼠正在森林里四处跑着搜寻橡子好美餐一顿（它们在第80页）。制作这款饼干作为秋季主题的一部分，或者把它加入到其他动物饼干的行列作为农场主题的一部分（第119~130页）。制作大约24块饼干。

需要的原料和工具
- 1个配方的饼干面团（第36~46页）
- 松鼠饼干切模
- 1个配方的蛋白糖霜（第47页）
- 褐色啫喱状色素
- 黑色啫喱状色素
- 2个挤压瓶
- 精制深褐色砂糖
- 精制黑色砂糖
- 2个一次性裱花袋
- 2个连接器
- 2个1号圆形裱花嘴
- 镊子
- 蛋白糖霜眼睛

所需技巧
- 染色糖霜（第22页）
- 填充挤压瓶（第24页）
- 浇饰（第27页）
- 填充（第28页）
- 添加闪光装饰品（第28页）
- 填充裱花袋（第24页）
- 添加装饰品（第31页）

准备工作

烘焙饼干： 把面团擀好，用松鼠饼干切模压出造型。根据配方指南烘烤。装饰前要完全冷却。

糖霜的着色及稀释： 把1/4杯（60毫升）糖霜分别装到两个碗里，一个碗里的糖霜染成深褐色，另一个碗里的染成黑色，密封后放到一边备用。把1½杯（375毫升）糖霜放到碗里，保持白色不变。把剩余的糖霜染成浅褐色。把白色糖霜和浅褐色糖霜按"两步糖霜"（第24页）浓度标准稀释，然后分别装到挤压瓶里。

1 用浅褐色糖霜浇饰每一个松鼠身体的轮廓并且填充，不包括尾巴。让糖霜静置定型至少6小时或者一整晚。

2 一次只装饰一块饼干，用浅褐色糖霜浇饰尾巴的轮廓并且填充。

3 趁浅褐色糖霜还没干的时候，在上面撒上深褐色砂糖，抖掉多余的。在所有的饼干上重复第2~3步。

4 一次只装饰一块饼干，用白色糖霜填充尾巴内部。

秋季

5 趁白色糖霜还没干的时候，在上面撒上黑色砂糖，抖掉多余的。在所有饼干上重复第4~5步。

6 把深褐色糖霜和黑色糖霜分别装进带1号裱花嘴的裱花袋里。用深褐色糖霜在每个松鼠上挤出鼻子、前爪和后爪。用黑色糖霜挤出胡须和嘴巴。

7 用镊子夹起蛋白糖霜眼睛，蘸少许糖霜粘到每个松鼠上。

8 用浅褐色糖霜勾画每个松鼠的胳膊和腰部，如图所示。在每个松鼠耳朵里面挤少许白色糖霜。把饼干晾干，食用前晾置至少6小时。

小贴士

添加比如像蛋白糖霜眼睛之类的装饰时，用镊子操作会更容易。多购置一副镊子，和你的装饰工具一起放在顺手的地方。

如果你手头没有蛋白糖霜眼睛，用黑色糖霜和带2号裱花嘴的裱花袋简单挤一些就可以。

如果在抖动之后仍有多余的砂糖粘在饼干上，不要担心。等到糖霜完全晾干之后，用一把小号食品刷或者棉签轻轻地把不需要的砂糖刷掉。

秋季

秋叶

收集多姿多彩的叶子是每个秋天最快乐的事情之一。哦,让我解释一下:收集的时候还不一定是快乐的,但是跳到一堆刚收集的叶子里去是一件很开心的事。制作出令人眼花缭乱、如珠宝般光彩夺目的叶子饼干大拼盘,所有人一定会埋头大吃的!**制作大约30块饼干。**

需要的原料和工具

- 1个配方的饼干面团(第36～46页)
- 叶子饼干切模
- 1个配方的蛋白糖霜(第47页)
- 黄色啫喱状色素
- 红色啫喱状色素
- 褐色啫喱状色素
- 橙色啫喱状色素
- 4个挤压瓶
- 牙签
- 小号食品刷
- 橙色或金色金属光泽亮粉

所需技巧

- 染色糖霜(第22页)
- 填充挤压瓶(第24页)
- 浇饰(第27页)
- 填充(第28页)
- 添加闪光装饰品(第28页)

花样小变动

多添加一点闪光装饰品。在每片叶子晾干之后,用带2号圆形裱花嘴的裱花袋给每片叶子浇饰一个橙色的轮廓。紧接着在上面撒上精制橙色砂糖,抖掉多余的砂糖。把饼干晾干,食用前放置至少几小时。

准备工作

烘焙饼干: 把面团擀好,用叶子饼干切模压出造型。根据配方指南烘烤。装饰前要完全冷却。

糖霜的稀释及着色: 把糖霜按"两步糖霜"(第24页)浓度标准稀释。把1杯(250毫升)糖霜分别装到两个碗里,一个碗里的糖霜染成黄色,另一个碗里的染成红色。再把½杯(125毫升)糖霜放到碗里,染成褐色。然后把剩余的糖霜染成橙色。最后把所有的糖霜都分别装到挤压瓶里。

1 一次只装饰一块饼干。用褐色糖霜浇饰叶柄的轮廓并且填充,用橙色糖霜浇饰叶子的轮廓并且填充。

2 趁橙色糖霜还没干的时候,在叶子上挤出几个黄色和红色的圆点,使其均匀分布。在叶子上轻拉牙签尖,划过并连接所有的圆点。在所有的饼干上重复第1～2步。让糖霜静置定型至少6小时或者一整晚。

3 用小号食品刷在每片叶子上轻轻刷一层金属光泽亮粉。

雪人

在成长的岁月里，我和朋友们都特别期待每年的第一场冬雪。那一天我们不用去上学，可以一整天在冬日仙境里玩耍：滑雪橇，垒雪堡，当然还要堆雪人（有时是雪人夫人）。这位时髦的雪人，衣着精美，戴着漂亮的黑礼帽，穿着彩色的毛衣，当然也少不了一个必需的胡萝卜鼻子。制作大约30块饼干。

冬季

需要的原料和工具
- 一个配方的饼干面团（第36~46页）
- 雪人饼干切模
- 一个配方的蛋白糖霜（第47页）
- 黑色啫喱状色素
- 红色啫喱状色素
- 蓝色啫喱状色素
- 3个挤压瓶
- 橙色翻糖
- 牙签
- 一次性裱花袋
- 连接器
- 1号圆形裱花嘴
- 镊子
- 蛋白糖霜花朵成品

所需技巧
- 染色糖霜（第22页）
- 填充挤压瓶（第24页）
- 浇饰（第27页）
- 填充（第28页）
- 使用翻糖（第30页）
- 填充裱花袋（第24页）

准备工作

烘焙饼干：把面团擀好，用雪人饼干切模压出造型。根据配方指南烘烤。在装饰前要完全冷却。

糖霜的着色及稀释：把¼杯（60毫升）糖霜放到碗中，染成黑色，密封后放到一边备用。把1杯（250毫升）糖霜放在三个碗中，一份染成黑色，一份红色，一份蓝色，剩下的糖霜保持白色不变。按"两步糖霜"（第24页）浓度标准稀释四种颜色的糖霜，然后分别装入挤压瓶中。

1 用白色糖霜浇饰、填充雪人饼干，头顶帽子部位不浇饰。

2 用黑色糖霜浇饰、填充帽子部分。让糖霜静置定型至少6小时或一整晚。

3 把翻糖捏成小胡萝卜状，作为雪人的鼻子。鼻子的长度可以变化，但底端应该保持平整以便粘在饼干上。一片饼干需要1个胡萝卜鼻子。把翻糖胡萝卜放在烤盘上晾干，晾置至少4小时或一整晚。

4 用红色糖霜浇饰、填充围巾。

冬季

小贴士

不用的蛋白糖霜要密封好,因为蛋白糖霜很容易变干。

给翻糖染色时一定要戴一次性乳胶手套,这样就不会弄脏你的双手。

把暂时不用的翻糖用保鲜膜裹紧,因为翻糖很容易变干而不能使用了。

5 趁红色糖霜未干,在围巾的交叉处交替浇饰出蓝、白两种颜色的竖线,线条间隔均匀。

6 立刻拖动牙签尖穿过蓝白线条中央,从左拖至中间,再从右拖至中间。

7 在围巾的两条尾端上交替浇饰蓝、白两种颜色的水平线,线条间隔均匀。

8 立刻拖动牙签尖穿过蓝白线条中央,从交叉处拖至尾端。重复第4~8步,装饰剩下的饼干。

9 在围巾尾端底部浇饰出蓝、白、红三色绳股,制作围巾的穗状装饰。

10 用蓝色糖霜在帽子中央浇饰1道线装饰帽边。

冬季

11 趁蓝色糖霜未干，用镊子把1朵蛋白糖霜花朵成品放在帽边的一侧。重复第10~11步，装饰剩下的饼干。

12 把剩下的黑色糖霜装入带1号裱花嘴的裱花袋。浇饰出眼睛，勾出圆点组成嘴巴形状，制作"煤渣拼成的嘴巴"。

13 在雪人身上浇饰几枚黑色纽扣。

14 把翻糖胡萝卜鼻子背面抹上糖霜，粘在雪人脸上。把饼干晾干，食用前晾置至少6小时。

小贴士

镊子适合用于添加花朵、胡萝卜鼻子这类的装饰品，多购置一副镊子，和你的装饰工具一起放在顺手的地方。

蛋白糖霜花朵成品可以在烘焙用品店找到，或参考用品来源指南部分（第253页）。

如果没有花朵成品，可用安上1号裱花嘴的裱花袋填充上红色糖霜自己手工绘制。

第三章 饼干之季节篇 87

冬季

雪花

像埃菲尔铁塔饼干（第226页）和"击球"棒球饼干（第157页)一样，雪花饼干很适合用来练习浇饰技巧。你可以完全遵循我的设计，也可以自由发挥。毕竟，没有一片雪花是相似的。制作大约24块饼干。

需要的原料和工具
- 一个配方的饼干面团（第36~46页）
- 雪花饼干切模
- 一个配方的蛋白糖霜（第47页）
- 淡蓝色啫喱状色素
- 挤压瓶
- 一次性裱花袋
- 连接器
- 2号圆形裱花嘴
- 精制白色或蓝色砂糖
- 镊子
- 银色糖珠或白色珍珠糖

所需技巧
- 染色糖霜（第22页）
- 填充挤压瓶（第24页）
- 浇饰（第27页）
- 填充（第28页）
- 填充裱花袋（第24页）
- 添加闪光装饰品（第28页）
- 添加装饰品（第31页）

> **准备工作**
>
> **烘焙饼干**：把面团擀好，用雪花饼干切模压出造型。根据配方指南烘烤。装饰前要完全冷却。
>
> **蛋白糖霜的着色及稀释**：把糖霜平均放到两个碗中，一份染成淡蓝色，一份保持白色不变。把白色糖霜密封，放到一边备用。按"两步糖霜"（第24页）浓度标准稀释淡蓝色糖霜，装入挤压瓶中。

1 用淡蓝色糖霜浇饰、填充雪花饼干。让糖霜静置定型至少6小时或一整晚。

2 把白色糖霜装进带2号裱花嘴的裱花袋，沿饼干边缘浇饰线条。

3 趁白色糖霜未干，在边线上撒上砂糖，抖掉多余的砂糖。重复第2~3步，装饰剩下的饼干。

4 如图所示，用白色糖霜在饼干上浇饰出图案（或自行设计图案）。

冬季

5 趁白色糖霜未干，在图案上撒上砂糖，抖掉多余的砂糖。重复第4～5步，装饰剩下的饼干。

6 用镊子把背面抹上糖霜的糖珠7个一簇粘在饼干中央。

7 如图所示，雪花的每一端粘1颗糖珠。

8 在雪花的每一个最外端粘1颗糖珠。把饼干晾干，在食用前晾置至少6小时。

小贴士

如果抖动后还有砂糖粘在饼干上，可等糖霜彻底凝固后，用小号食品刷或棉签刷掉多余的砂糖。

镊子适合用于添加糖珠这类的装饰品，多购置一副镊子，和你的装饰工具一起放在顺手的地方。

花样小变化

制作一组雪花饼干时，注意交换颜色，这样有的饼干是蓝底白花，有的是白底蓝花，这让饼干整体看上去更漂亮。

冬季

手套

寒冷的冬日，如果不愿出门，在家中制作这款饼干再好不过了。把它们和冬帽饼干搭配，或者把它们装饰成你最喜爱的手套的样子。制作大约30块饼干。

需要的原料和工具

- 一个配方的饼干面团（第36~46页）
- 手套饼干切模
- 一个配方的蛋白糖霜（第47页）
- 蓝色啫喱状色素
- 粉红色啫喱状色素
- 3个挤压瓶
- 牙签
- 精制白色砂糖

所需技巧

- 染色糖霜（第22页）
- 填充挤压瓶（第24页）
- 浇饰（第27页）
- 填充（第28页）
- 拉丝（第29页）
- 添加闪光装饰品（第28页）

小贴士

如果想制作一副手套，记住一半饼干为左手，一半饼干为右手，可把饼干切模翻转使用。

烘焙前，在手套底部切出一个小洞。饼干装饰好后，用一根丝带穿过小洞，就可以把饼干作为可食用的装饰物。

准备工作

烘焙饼干：把面团擀好，用手套饼干切模压出造型。根据配方指南烘烤。装饰前要完全冷却。

糖霜的稀释及着色：按"两步糖霜"（第24页）浓度标准稀释糖霜。把糖霜平均放到三个碗中，一份染成淡蓝色，一份染成淡粉红色，一份保持白色不变。把所有的糖霜分别装入挤压瓶中。

1
用淡蓝色糖霜浇饰、填充手套饼干，不包括手腕处手套口部位。

2
立刻在淡蓝色糖霜上浇饰5道淡粉红色水平线，线条间隔均匀，在每条淡粉红线上再浇饰一道白线，用牙签沿竖直方向制作拉丝装饰。重复第1~2步，装饰剩下的饼干。让糖霜静置定型至少6小时或一整晚。

3
用白色糖霜浇饰、填充手套口部位，立刻在白色糖霜上撒上砂糖，抖掉多余的砂糖。重复该步骤，装饰剩下的饼干。把饼干晾干，食用前晾置至少6小时。

冬帽

这款冬帽饼干应该和手套饼干搭配，但是它们很漂亮，独立呈现也不错。在成长的过程中，我有一顶一模一样的帽子，我喜欢把它和我的亮粉色滑雪夹克搭配。戴着它从斜坡上滑下来时（偶尔也会摔跟头），我很容易被别人认出来。制作大约30块饼干。

冬季

需要的原料和工具
- 一个配方的饼干面团（第36~46页）
- 冬帽饼干切模
- 一个配方的蛋白糖霜（第47页）
- 蓝色啫喱状色素
- 粉红色啫喱状色素
- 一次性裱花袋
- 连接器
- 2号圆形裱花嘴
- 3个挤压瓶
- 精制粉红色砂糖

所需技巧
- 染色糖霜（第22页）
- 填充裱花袋（第24页）
- 填充挤压瓶（第24页）
- 浇饰（第27页）
- 填充（第28页）
- 在未干的糖霜上挤造型（第28页）
- 添加闪光装饰品（第28页）

准备工作
烘焙饼干：把面团擀好，用冬帽饼干切模压出造型。根据配方指南烘烤。装饰前要完全冷却。

糖霜的着色及稀释：把糖霜平均放到三个碗中，一份染成淡蓝色，一份染成淡粉红色，一份保持白色不变。把一半白色糖霜填充至带2号裱花嘴的裱花袋。把淡粉红色、淡蓝色和剩下的白色糖霜按"两步糖霜"（第24页）浓度标准稀释，然后分别装入挤压瓶中。

小贴士
和第90页的手套饼干一样，可以把这款饼干制作成可食用的装饰品。烘焙前在帽子顶端的圆球上切出一个小洞，装饰好后，用一根丝带穿过小洞。

1 用淡粉红色糖霜浇饰、填充出帽檐部分，用装有白色糖霜的挤压瓶立刻在帽檐的淡粉红色糖霜上浇饰波尔卡圆点的图案。

2 用淡粉红色糖霜浇饰、填充帽子顶部的圆球。立刻在圆球上撒上砂糖，抖掉多余的砂糖。

3 用淡蓝色糖霜浇饰、填充帽子的中间部位。用装有白色糖霜的裱花袋立刻在该部位浇饰雪花的图案（或自行设计图案）。重复第1~3步，装饰剩下的饼干。把饼干晾干，在食用前晾置至少6小时。

冬季

喜庆的圣诞毛衣

丑陋的圣诞节毛衣一度是最令人讨厌的礼物，而家庭聚会拍照时你又不得不穿着它。现在，丑陋的毛衣在一年一度的节日庆典上却备受欢迎。这款饼干最妙的地方是无论怎么装饰都不过分。装饰越多，颜色越丰富、越闪亮，饼干越漂亮。制作大约30块饼干。

需要的原料和工具

- 一个配方的饼干面团（第36~46页）
- 毛衣饼干切模
- 一个配方的蛋白糖霜（第47页）
- 黄色啫喱状色素
- 蓝色啫喱状色素
- 红色啫喱状色素
- 挤压瓶
- 玉米淀粉
- 小号擀面杖
- 绿色翻糖
- 迷你圣诞树切模（见小贴士）
- 精制红色砂糖
- 3个一次性裱花袋
- 3个连接器
- 3个2号圆形裱花嘴

所需技巧

- 染色糖霜（第22页）
- 填充挤压瓶（第24页）
- 浇饰（第27页）
- 填充（第28页）
- 使用翻糖（第30页）
- 添加闪光装饰品（第28页）
- 填充裱花袋（第24页）

准备工作

烘焙饼干：把面团擀好，用毛衣饼干切模压出造型。根据配方指南烘烤。装饰前要完全冷却。

蛋白糖霜的着色及稀释：把¼杯（60毫升）糖霜分别放到三个碗中，一份染成黄色，一份染成蓝色，一份保持白色不变，密封后放到一边备用。把剩下的糖霜染成红色，按"两步糖霜"（第24页）浓度标准稀释，然后装入挤压瓶中。

1 用红色糖霜浇饰毛衣饼干的轮廓。

2 用红色糖霜进行填充。让糖霜静置定型至少6小时或一整晚。

3 在台面上薄薄地撒上一层玉米淀粉，把翻糖擀至2毫米厚，用树形切模为每一片饼干切出1片翻糖圣诞树。把所有的翻糖圣诞树放在烤盘上晾干，放置至少4小时或一整晚。

4 用红色糖霜在袖口、衣摆、领口处浇饰粗边线。

冬季

5 趁红色糖霜未干，撒上砂糖，抖掉多余的砂糖。重复第5~6步，装饰剩下的饼干。

6 把翻糖圣诞树背面抹上糖霜，粘在毛衣的中央。

7 把黄色、蓝色、白色糖霜装进带2号裱花嘴的裱花袋，在圣诞树上勾出颜色交替的圆点图案，用黄色糖霜在树顶浇饰1颗星星。

8 用红色糖霜在袖子上和树周围浇饰间隔均匀的圆点图案，用红线标记出衣袖部分。把饼干晾干，食用前晾置至少6小时。

小贴士

如果没有小圣诞树切模，可以在烤盘纸上手绘一个树形，然后用美工刀或削皮刀划出边线，作为模板。

如抖动后还有砂糖粘在饼干上，可等糖霜彻底凝固后，用小号食品刷或棉签刷掉多余的砂糖。

花样小变化

除了树形图案，还可在饼干中央放置其他装饰图案，如糖果拐杖、珠宝饰品、花环。

冬季

圣诞树

"噢，圣诞树，噢，圣诞树，你的蛋白糖霜树枝是多么可爱啊！"不错，我把歌词改了改，但是你在装饰这些饼干时很容易就想起这首歌。我喜欢雪营造的户外一片冬季的景象。圣诞树装扮聚会上可以摆上这款饼干。制作大约24块饼干。

需要的原料和工具

- 1个配方的饼干面团（第36~46页）
- 圣诞树饼干切模
- 1个配方的蛋白糖霜（第47页）
- 黄色啫喱状色素
- 蓝色啫喱状色素
- 红色啫喱状色素
- 褐色啫喱状色素
- 绿色啫喱状色素
- 3个挤压瓶
- 玉米淀粉
- 小号擀面杖
- 黄色翻糖
- 小号星星切模（见小贴士）
- 迷你白色糖珠
- 3个一次性裱花袋
- 3个连接器
- 3个1号圆形裱花嘴
- 镊子
- 银色糖豆
- 小号食品刷
- 金色金属光泽亮粉

所需技巧

- 染色糖霜（第22页）
- 填充挤压瓶（第24页）
- 浇饰（第27页）
- 填充（第28页）
- 使用翻糖（第30页）
- 添加装饰品（第31页）
- 填充裱花袋（第24页）
- 添加闪光装饰品（第28页）

准备工作

烘焙饼干： 把面团擀好，用圣诞树饼干切模压出造型。根据配方指南烘烤。装饰前要完全冷却。

糖霜的着色及稀释： 把¼杯（60毫升）糖霜分别放到三个碗里，一个碗里的糖霜染成黄色，另外两碗分别染成蓝色和红色。密封后放在一边备用。然后把1½杯（375毫升）糖霜装到碗里，保持白色不变。接着把1杯（250毫升）糖霜放到碗里并且染成褐色，把剩余的糖霜染成绿色。最后把白色、褐色和绿色糖霜按"两步糖霜"（第24页）浓度标准稀释，分别装到挤压瓶里。

1 用褐色糖霜浇饰树干的轮廓并且填充，用绿色糖霜勾画出每棵树剩余的部分并且填充。让糖霜静置定型至少6小时或者一整晚。

2 同时，在台面上薄薄地撒一层玉米淀粉，把翻糖擀至3毫米的厚度，用星星切模为每块饼干压出1个星星的造型。把星星放在烤盘上晾干，放置至少4小时或者一整晚。

3 一次只装饰一块饼干，用白色糖霜沿圣诞树每一层的底边挤出厚厚的雪一样的边缘。

4 趁白色糖霜还没干的时候，在边缘上撒上迷你白色糖珠，抖掉多余的。在所有的饼干上重复第3~4步。

冬季

5 把黄色、蓝色和红色糖霜分别装到带1号裱花嘴的裱花袋里。一次只装饰一块饼干，在圣诞树的绿色区域挤出小圆球，颜色交替分布。

6 趁糖霜还没干的时候，用镊子在每个小球上面放1颗银色糖豆。在所有的饼干上重复第5~6步。

7 用小号食品刷在每颗翻糖星星上刷一层金色金属光泽亮粉。

8 在每颗星星的背面蘸少许糖霜粘到每棵圣诞树的顶端。把饼干晾干，食用前晾置至少6小时。

小贴士

如果不用翻糖制作星星的话，你可以把黄色糖霜装到带2号圆形裱花嘴的裱花袋里手工挤出星星。制作完星星后，再撒上金色亮粉使其更加闪亮。

添加比如像银色糖豆之类的装饰时，用镊子操作会更容易。多购置一副镊子，和你的装饰工具一起放在顺手的地方。

刷金属光泽亮粉的时候，要保证你用的食品刷是干的，否则亮粉会结块，而不是均匀地在表面覆盖薄薄的一层。

冬季

圣诞彩灯

我小时候，装饰圣诞树总是一件大事，所有家庭成员都要参与。我父亲负责把彩灯挂在圣诞树上，但是在此之前我和哥哥负责把彩灯串捋顺了。装饰圣诞树时，制作这些节日味儿十足的饼干并摆好，是作为解开打结的彩灯串的奖励！制作大约40块饼干。

需要的原料和工具

- 1个配方的饼干面团（第36~46页）
- 圣诞节灯泡饼干切模
- 1个配方的蛋白糖霜（第47页）
- 红色啫喱状色素
- 绿色啫喱状色素
- 蓝色啫喱状色素
- 黄色啫喱状色素
- 4个挤压瓶
- 一次性裱花袋
- 连接器
- 2号圆形裱花嘴
- 精制白色砂糖

所需技巧

- 染色糖霜（第22页）
- 填充挤压瓶（第24页）
- 浇饰（第27页）
- 填充（第28页）
- 填充裱花袋（第24页）
- 添加闪光装饰品（第28页）

> **准备工作**
>
> **烘焙饼干：** 把面团擀好，用圣诞节灯泡饼干切模压出造型。根据配方指南烘烤。装饰前要完全冷却。
>
> **糖霜的着色及稀释：** 把糖霜平均放到五个碗里，把碗里的糖霜分别染成红色、绿色、蓝色和黄色，最后一个保持白色不变。把白色糖霜装进带2号裱花嘴的裱花袋里。最后把红色、绿色、蓝色和黄色糖霜按"两步糖霜"（第24页）浓度标准稀释，分别装到挤压瓶里。

1 一次只装饰一块饼干，用红色糖霜浇饰灯泡上半部分的轮廓。

2 用红色糖霜填充灯泡部分。

3 趁红色糖霜还没干的时候，用白色糖霜在灯泡的左侧挤出强光痕迹，如图所示。重复第1~3步来制作10个红色灯泡。

4 用绿色糖霜浇饰灯泡上半部分的轮廓并且填充，接着在左侧用白色糖霜挤出强光痕迹。重复以上步骤来制作10个绿色灯泡。

冬季

5 用蓝色糖霜浇饰灯泡上半部分的轮廓并且填充，接着在左侧用白色糖霜挤出强光痕迹。重复以上步骤来制作10个蓝色灯泡。

6 用黄色糖霜浇饰灯泡上半部分的轮廓并且填充，接着在左侧用白色糖霜挤出强光痕迹。重复以上步骤来制作10个黄色灯泡。让糖霜静置定型至少6小时或者一整晚。

7 一次只装饰一块饼干，用白色糖霜在灯泡柄挤出一个螺旋状图案。

8 趁白色糖霜还没干的时候，撒上砂糖，抖掉多余的。在所有的饼干上重复第7~8步。把饼干晾干，食用前至少晾置2小时。

小贴士

烤饼干之前，先在每个灯泡的柄上切一个小洞。等饼干装饰完之后，用一条丝带穿过所有的小洞，然后把灯泡挂在圣诞树上当成可食用的装饰。

如果你把糖霜装进裱花袋但不是马上用，一定要把它竖直放进一个高的水杯里，直到你要用它。

要展示这些饼干，可以把它们沿一条细绳形的糖摆在一个大盘子或者托盘里，好像一串彩灯。

冬季

薄荷糖果

这款饼干的图案或许看上去很高级，但是当发现它们做起来如此简单时你将会大吃一惊——而且做完后你会自我感觉良好！参加聚餐会的时候带上它们或者作为自制的礼物送出去吧。我喜欢用黑巧克力甜饼干面团（第40页）搭配上薄荷蛋白糖霜（第47页，花样小变动）来制作这些饼干。制作大约40块饼干。

需要的原料和工具
- 1个配方的饼干面团（第36～46页）
- 糖果饼干切模
- 1个配方的蛋白糖霜（第47页）
- 绿色啫喱状色素
- 红色啫喱状色素
- 3个挤压瓶
- 牙签
- 一次性裱花袋
- 连接器
- 2号圆形裱花嘴
- 精制白色砂糖（可选）

所需技巧
- 染色糖霜（第22页）
- 填充挤压瓶（第24页）
- 浇饰（第27页）
- 填充（第28页）
- 填充裱花袋（第24页）
- 添加闪光装饰品（第28页）

> **准备工作**
>
> **烘焙饼干**：把面团擀好，用糖果饼干切模压出造型。根据配方指南烘烤。装饰前要完全冷却。
>
> **糖霜的着色及稀释**：把¾杯（175毫升）糖霜分别放到三个碗里，把一个碗里的糖霜染成绿色，另一个碗里的染成红色，最后一个保持白色不变。把白色糖霜密封后放到一边备用。把绿色、红色和剩余的白色糖霜按"两步糖霜"（第24页）浓度标准稀释，分别装到挤压瓶里。

1 一次只装饰一块饼干，用装有白色糖霜的挤压瓶浇饰饼干的轮廓。

2 用白色糖霜填充饼干。

3 趁白色糖霜还没干的时候，用绿色糖霜在饼干的圆形区域挤一个X的图案。

4 接着用红色糖霜在饼干的圆形区域也挤一个X的图案，使其与绿色X呈45°角。

冬季

5 接着，从饼干的中心点开始拖着牙签尖划过红色和绿色的线条，一直旋转到外边缘。在所有的饼干上重复第1~5步。让糖霜静置定型至少6小时或者一整晚。

6 把密封的白色糖霜装到带2号裱花嘴的裱花袋里。一次只装饰一块饼干，沿饼干的圆形区域和两头的糖纸部分浇饰轮廓边缘。

7 在两端分别挤出3条白色线条，从圆形区域向糖纸部分发散开来。

8 如果喜欢的话，趁白色糖霜还没干的时候，撒上白色砂糖，抖掉多余的。在所有的饼干上重复第6~8步。把饼干晾干，食用前晾置至少2小时。

小贴士

如果挤压瓶里装不下所有的白色糖霜，就把剩余的糖霜密封，需要时再装到挤压瓶里。

有时候用糖霜给饼干填充的时候会产生一些气泡，可以用牙签尖把气泡挑破。

花样小变动

可以全部用红色或者绿色制作出简单一点的螺旋状图案。

第三章 饼干之季节篇

冬季

圣诞袜

超大号的拐杖糖和暖融融的泰迪熊正在从这些可爱的袜子里往外偷看呢!制作大约30块饼干。

需要的原料和工具

- 1个配方的饼干面团（第36~46页）
- 糖果饼干切模
- 1个配方的蛋白糖霜（第47页）
- 绿色啫喱状色素
- 蓝色啫喱状色素
- 黑色啫喱状色素
- 红色啫喱状色素
- 2个挤压瓶
- 白色亮粉
- 玉米淀粉
- 小号擀面杖
- 白色翻糖
- 褐色翻糖
- 迷你拐杖糖切模
- 迷你小熊切模
- 3个一次性裱花袋
- 3个连接器
- 2号圆形裱花嘴
- 2个1号圆形裱花嘴

所需技巧

- 染色糖霜（第22页）
- 填充挤压瓶（第24页）
- 浇饰（第27页）
- 填充（第28页）
- 添加闪光装饰品（第28页）
- 使用翻糖（第30页）
- 填充裱花袋（第24页）

准备工作

烘焙饼干：把面团擀好，用袜子饼干切模压出造型。根据配方指南烘烤。装饰前要完全冷却。

糖霜的着色及稀释：把1杯（250毫升）糖霜放到碗里并且染成绿色。把¾杯（175毫升）糖霜放到碗里并且染成蓝色。把¼杯（60毫升）糖霜放到碗里并且染成黑色。把所有的碗密封后放在一边备用。把1½杯（375毫升）糖霜放到碗里，保持白色不变。把剩余的糖霜染成红色。把白色和红色糖霜按"两步糖霜"（第24页）浓度标准稀释，分别装到挤压瓶里。

1 一次只装饰一块饼干，用白色糖霜浇饰袜子顶端的部分并且填充。接着在湿糖霜上撒上亮粉，抖掉多余的。在所有的饼干上重复这一操作。

2 用红色糖霜浇饰袜子其余部分的轮廓并且填充。让糖霜静置定型至少6小时或者一整晚。

3 同时，在台面上薄薄地撒一层玉米淀粉，把白色翻糖擀至2毫米的厚度，用拐杖糖切模为每块饼干压出1个拐杖糖造型。

4 在台面上撒一层玉米淀粉，把褐色翻糖擀至2毫米的厚度，用小熊切模为每块饼干压出1个小熊造型。把拐杖糖和小熊放在烤盘上晾干，放置至少4小时或者一整晚。

5

把绿色糖霜装到带2号裱花嘴的裱花袋里，在每只袜子的红色部分挤出十字形图案，两个方向的线条要均匀分布。

6

把蓝色和黑色糖霜分别装进带1号裱花嘴的裱花袋里。用蓝色糖霜在每只袜子的顶端写上一个名字，用白色糖霜浇饰袜子顶端的轮廓。

7

用红色糖霜在每个翻糖拐杖糖上挤出斜线条，用黑色糖霜给小熊挤出脸的造型，并且在每只小熊耳朵里挤少许白色糖霜。

8

用少许糖霜把拐杖糖和小熊粘到每块饼干的背面，使其看上去正从袜子顶端冒出来。把饼干晾干，食用前晾置至少6小时。

冬季

小贴士

学校或者办公室举行圣诞节派对的时候制作这些饼干，在每只袜子上写上一个学生或者同事的名字。

给翻糖染色时一定要戴上一次性乳胶手套，这样啫喱状色素就不会沾到手上了。

把暂时不用的翻糖用保鲜膜紧紧包好，因为翻糖干得很快，干了就不能用了。

花样小变动

想要个简单点的造型，你可以不用做翻糖熊和拐杖糖。

冬季

红鼻子驯鹿鲁道夫

节日聚会时做上一托盘这样的饼干，或者把它们分给唱圣诞颂歌的人（当然，前提是他们得先唱《红鼻子驯鹿鲁道夫》）。这个图案相对简单，如果想和放假在家的孩子一起来做饼干，这是一个不错的选择。制作大约30块饼干。

需要的原料和工具

- 1个配方的饼干面团（第36～46页）
- 驯鹿饼干切模
- 1个配方的蛋白糖霜（第47页）
- 红色啫喱状色素
- 绿色啫喱状色素
- 黑色啫喱状色素
- 褐色啫喱状色素
- 5个一次性裱花袋
- 5个连接器
- 3号圆形裱花嘴
- 挤压瓶
- 2个1号圆形裱花嘴
- 2个2号圆形裱花嘴
- 镊子
- 蛋白糖霜眼睛

所需技巧

- 染色糖霜（第22页）
- 填充挤压瓶（第24页）
- 浇饰（第27页）
- 填充（第28页）
- 填充裱花袋（第24页）
- 添加装饰品（第31页）

准备工作

烘焙饼干：把面团擀好，用驯鹿饼干切模压出造型。根据配方指南烘烤。装饰前要完全冷却。

糖霜的着色及稀释：把¼杯（60毫升）糖霜分别放到四个碗里，然后分别染成红色、绿色和黑色，一个保持白色不变，密封后放在一边备用。把剩余的糖霜平均放到两个碗里，一个碗里的糖霜染成深褐色，一个染成中等褐色。把深褐色糖霜装到带3号裱花嘴的裱花袋里。把中等褐色糖霜按"两步糖霜"（第24页）浓度标准稀释并且装到挤压瓶里。

1 用中等褐色糖霜在每块饼干上浇饰鸡蛋形状的鲁道夫的头。

2 用深褐色糖霜在每只驯鹿头上挤出鹿角，如图所示。让糖霜静置定型至少6小时或者一整晚。

3 把绿色和白色糖霜分别装到带1号裱花嘴的裱花袋里。用绿色糖霜在每个鹿角的分枝上挤出1片冬青树叶。

4 把黑色和红色糖霜分别装到带2号裱花嘴的裱花袋里。用红色糖霜在每片冬青叶的下面挤出一串冬青浆果。

5 一次只装饰一块饼干，用红色糖霜在驯鹿头的中间挤出一个大的红色的鼻子。

6 趁红色糖霜还没干的时候，用白色糖霜在鼻子上挤出1个小的弧线，使其看上去闪亮。在所有的饼干上重复第5~6步。

7 用黑色糖霜在每只驯鹿上挤出一个微笑的嘴巴。

8 用镊子夹取蛋白糖霜眼睛在背面蘸少许糖霜放在驯鹿头上，两只眼睛紧挨在一起。把饼干晾干，食用前晾置至少4小时。

冬季

小贴士

添加比如像蛋白糖霜眼睛之类的装饰时，用镊子操作会更容易。多购置一副镊子，和你的装饰工具一起放在顺手的地方。

如果你手头没有蛋白糖霜眼睛，用黑色糖霜和带2号裱花嘴的裱花袋简单挤一些就可以。

如果喜欢的话，可以用一块红色的棉花糖当做驯鹿的鼻子，这样就不用挤糖霜了。

冬季

冬青叶席次牌

如果装饰饼干你是新手入门的话，这个图案是个很不错的开始。然而当你的客人意识到这么漂亮的席次牌吃起来也很美味的时候，一定会给他们留下深刻的印象！制作大约40块饼干。

需要的原料和工具

- 1个配方的饼干面团（第36~46页）
- 冬青叶饼干切模
- 1个配方的蛋白糖霜（第47页）
- 红色啫喱状色素
- 绿色啫喱状色素
- 挤压瓶
- 玉米淀粉
- 小号擀面杖
- 红色翻糖
- 小号圆形切模
- 一次性裱花袋
- 连接器
- 1号圆形裱花嘴
- 小号食品刷（可选）
- 红色金属光泽亮粉（可选）

所需技巧

- 染色糖霜（第22页）
- 填充挤压瓶（第24页）
- 浇饰（第27页）
- 填充（第28页）
- 使用翻糖（第30页）
- 填充裱花袋（第24页）
- 添加闪光装饰品（第28页）

花样小变动

不用翻糖制作冬青浆果的话，你可以把红色糖霜装进带2号裱花嘴的裱花袋里挤出浆果造型，或者用一块圆形的糖果。

准备工作

烘焙饼干：把面团擀好，用冬青叶饼干切模压出造型。根据配方指南烘烤。装饰前要完全冷却。

糖霜的着色及稀释：把1杯（250毫升）糖霜放到碗里并且染成红色，密封后放在一边备用。把剩余的糖霜染成绿色，然后按"两步糖霜"（第24页）浓度标准稀释并且装到挤压瓶里（把剩余的绿色糖霜密封，需要时再装到挤压瓶里）。

1 用绿色糖霜浇饰冬青叶的轮廓并且填充。让糖霜静置定型至少6小时或者一整晚。

2 在台面上薄薄地撒一层玉米淀粉，把翻糖擀至2毫米的厚度，用圆形切模为每块饼干压出3个浆果。在每个浆果背面蘸少许糖霜，把3个浆果作为一串粘到每片叶子上。如果喜欢的话，可以用小号食品刷在浆果上刷一层金属光泽亮粉。

3 把红色糖霜装到带1号裱花嘴的裱花袋里，在每片叶子上挤出一个名字。把饼干晾干，食用前晾置至少2小时。

4

第四章
饼干之儿童篇

生日宴会
生日宴会帽..........106
一块蛋糕..........108
宇宙飞船..........110
呜呜响的火车..........112
帆船..........114
闪光的芭蕾短裙..........116

农场动物
奶牛..........119
小羊羔..........120
微笑的小猪..........122
吃奶酪的老鼠..........124
好奇的猫头鹰..........126
咯咯叫的小鸡..........128
鹅..........130

动物园里的动物
斑马..........132
长颈鹿..........134
蓝色小象..........137
猴子夫妇..........140
快乐的乌龟..........142
怕冷的企鹅..........144

海底世界
紫色章鱼..........147
海星..........148
海豚..........150
鲸鱼..........152

体育运动
网球拍..........154
网球..........156
"击球"棒球..........157
足球..........158
橄榄球..........160
篮球灌篮..........162
拉拉队队长..........163
扩音器..........166
靓丽的跑鞋..........168
桌球..........170

校园时光
红色校舍..........172
黑板..........174
彩色蜡笔..........176
教科书..........178
牛奶盒..........180
校车..........182
A-B-C字母棒棒糖饼干..........184

生日宴会

生日宴会帽

虽然宴会帽是大多数孩子生日宴会上的主题，但勒在下巴上的那根紧紧的帽带会让你觉得帽子戴起来不是那么舒服。这儿有一个更好的解决办法，保证比普通的宴会帽更受欢迎，那就是以有趣的饼干形式呈现的传统的多彩生日宴会帽。

制作大约30块饼干。

需要的原料和工具

- 一个配方的饼干面团（第36～46页）
- 生日宴会帽饼干切模
- 一个配方的蛋白糖霜（第47页）
- 黄色啫喱状色素
- 挤压瓶
- 玉米淀粉
- 小号擀面杖
- 红色翻糖
- 蓝色翻糖
- 10号圆形裱花嘴（见小贴士）
- 尺子
- 美工刀

所需技巧

- 染色糖霜（第22页）
- 填充挤压瓶（第24页）
- 浇饰（第27页）
- 填充（第28页）
- 使用翻糖（第30页）

准备工作

烘焙饼干： 把面团擀好，用生日宴会帽饼干切模压出造型。根据配方指南烘烤。装饰前要完全冷却。

糖霜的稀释及着色： 按"两步糖霜"（第24页）浓度标准稀释糖霜，染成黄色，装入挤压瓶。

1 用黄色糖霜浇饰出宴会帽的形状并填充。让糖霜静置定型至少6小时或一整晚。

2 在台面上撒上一层薄薄的玉米淀粉，把红色翻糖擀至3毫米厚，用10号裱花嘴的圆形后侧为每一片饼干切出6片圆形翻糖。

3 用10号裱花嘴的前侧为每一片饼干切出7片圆形翻糖。把所有的圆形翻糖放在烤盘上晾干，晾置至少4小时或一整晚。

4 在台面上撒上一层玉米淀粉，把蓝色翻糖擀至3毫米厚，用美工刀沿着尺子切出4条5毫米宽的翻糖长条。

生日宴会

小贴士

如果糖霜一次用不完，把余下的糖霜密封好，根据需要再填入挤压瓶。

如果没有10号裱花嘴，可用其他型号裱花嘴的后侧切出步骤2中的圆形翻糖，用吸管的末端切出步骤3中的圆形翻糖。或者，你可以用配上2号裱花嘴的裱花袋，装上红色糖霜，浇饰出需要的小号圆形。

在用裱花嘴切制圆形翻糖时，为了防粘，可在切制间隔把裱花嘴蘸一下玉米淀粉，也可在裱花嘴内部薄薄地喷一层防粘烹饪喷雾剂。

5 把4条翻糖长条如图所示间隔均匀地放在饼干上。修整长条的两端，使其与饼干的边缘一致。用这4长条作为模板为每一片饼干切出4条翻糖长条。

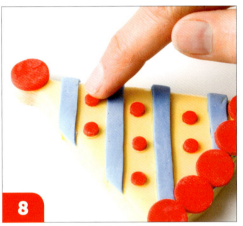

6 把翻糖长条的背面涂抹上糖霜，粘在饼干上，压平长条的两端，使其看起来平整。

7 把大号红色圆形翻糖背面涂抹上糖霜，如图所示，沿着饼干底部边缘粘上5片圆形翻糖，把一片圆形翻糖粘在帽顶位置。

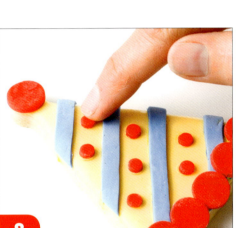

8 把小号红色圆形翻糖背面涂抹上糖霜，如图所示，粘在蓝色翻糖长条之间。把饼干晾干，食用前晾置至少6小时或一整晚。

第四章 饼干之儿童篇 107

生日宴会

一块蛋糕

这些饼干看上去是一块块蛋糕！我选择把它们做成红丝绒蛋糕的样子，因为我喜欢红白颜色的强烈对比。你可以根据自己的色彩喜好进行颜色搭配。制作大约30块饼干。

需要的原料和工具

- 一个配方的饼干面团（第36~46页）
- 蛋糕饼干切模
- 一个配方的蛋白糖霜（第47页）
- 紫红色啫喱状色素
- 棕色啫喱状色素
- 2个挤压瓶
- 尺子
- 美工刀
- 蓝色翻糖
- 黄色翻糖
- 一次性裱花袋
- 连接器
- 13号星形裱花嘴

所需技巧

- 染色糖霜（第22页）
- 填充挤压瓶（第24页）
- 使用美工刀（第31页）
- 浇饰（第27页）
- 填充（第28页）
- 使用翻糖（第30页）
- 填充裱花袋（第24页）

准备工作

烘焙饼干：把面团擀好，用蛋糕饼干切模压出造型。根据配方指南烘烤。装饰前要完全冷却。

糖霜的着色及稀释：把糖霜平均分到两个碗中。用紫红色和棕色啫喱状色素把一个碗中的糖霜染成红丝绒色，另一碗保持白色。把1杯（250毫升）红丝绒色糖霜装入另一个碗中，把碗密封，放到一旁备用。把剩下的红丝绒色糖霜和白色糖霜按"两步糖霜"（第24页）浓度标准稀释，分别装入挤压瓶。

1 用尺子和美工刀在每一片饼干上划出要涂糖霜的部分。一部分在饼干的底部，一部分在饼干中央。

2 接着用白色糖霜进行浇饰、填充。把剩余部分用装入红丝绒色糖霜的挤压瓶浇饰、填充。让糖霜静置定型至少6小时或一整晚。

3 把蓝、黄色翻糖分别搓成直径1厘米的长绳，把两条长绳并排放置，捏住两条长绳的两端，把它们扭搓成草帽辫状。

4 把草帽辫切成长5厘米的长条，把长条的底部压平。

生日宴会

5

把一小块黄色翻糖捏成火焰的形状，用少许水把火焰翻糖粘在草帽辫翻糖的顶部。给每一片饼干都做1根这样的蜡烛。把做好的蜡烛放在烤盘上晾干，放置至少4小时或一整晚。

6

把剩下的红丝绒糖霜装到带13号星形裱花嘴的裱花袋里。如图所示，挤出1行星形装饰。

7

如图所示，用白色糖霜浇饰出2道装饰边。

8

把翻糖蜡烛背面抹上糖霜，粘在饼干顶部白色糖霜部位的正中央。把饼干晾干，食用前晾置至少6小时或一整晚。

小贴士

在制作饼干面团时，用生日蛋糕调味剂使饼干具有生日蛋糕的味道。生日蛋糕调味剂不像香草或杏仁调味剂那样常见，你仍可在商店的烘焙通道或货品齐全的杂货店找到。请参考第253页的来源指南。也可参照第36页的配方，用1茶匙（5毫升）的调味剂混合香草精（去掉橙皮碎）进行调制。

如果没有美工刀，可用可食用记号笔操作第一步。

把任何暂时用不到的翻糖都用保鲜膜紧紧地裹住，因为翻糖很容易变干从而无法使用。

第四章 饼干之儿童篇

生日宴会

宇宙飞船

孩子们甚至很多成人都对外太空的事情着迷。可以在航天主题生日会上摆上这些闪闪发光的宇宙飞船饼干。你还可以把孩子的年龄作为装饰浇饰在宇宙飞船上（参见花样小变化），人人都会觉得这些饼干太出彩了。制作大约36块饼干。

需要的原料和工具

- 一个配方的饼干面团（第36~46页）
- 一个配方的蛋白糖霜（第47页）
- 宇宙飞船饼干切模
- 红色啫喱状色素
- 橙色啫喱状色素
- 黄色啫喱状色素
- 蓝色啫喱状色素
- 2个挤压瓶
- 蓝色亮粉
- 3个一次性裱花袋
- 3个连接器
- 2号圆形裱花嘴
- 2个1号圆形裱花嘴
- 红色亮粉

所需技巧

- 染色糖霜（第22页）
- 填充挤压瓶（第24页）
- 浇饰（第27页）
- 填充（第28页）
- 添加闪光装饰品（第28页）
- 填充裱花袋（第24页）

准备工作

烘焙饼干：把面团擀好，用宇宙飞船饼干切模压出造型。根据配方指南烘烤。装饰前要完全冷却。

糖霜的着色及稀释：把1杯（250毫升）糖霜放入一个碗中并染成红色。把1/4杯（60毫升）糖霜分别放到两个碗中，一份染成橙色，另一份染成黄色。把所有的碗密封放在一边备用。把剩下的糖霜平均分到两个碗中，一份染成蓝色，另一份保持白色。把蓝色糖霜和白色糖霜按"两步糖霜"（第24页）浓度标准稀释，分别装入挤压瓶。

1 如图所示，用蓝色糖霜浇饰、填充飞船饼干的顶部和底部，不包括中间部分。

2 趁蓝色糖霜未干，在上面撒上蓝色亮粉，抖掉多余的亮粉。重复第1~2步，装饰剩下的饼干。

3 用白色糖霜浇饰、填充飞船饼干的中间部分。

4 趁糖霜未干，用蓝色糖霜在白色糖霜部分的顶端和底部各画1道粗线。重复第3~4步，装饰剩下的饼干。让糖霜静置定型至少6小时或一整晚。

5 把红色糖霜装进带2号裱花嘴的裱花袋，在白色糖霜部分浇饰1个正方形，在正方形内部浇饰出1个星形。

6 趁红色糖霜未干，撒上红色亮粉，抖掉多余的亮粉。重复第5～6步，装饰剩下的饼干。

7 把橙色和黄色糖霜分别装进带1号裱花嘴的裱花袋。用橙色糖霜在每片飞船饼干底部浇饰3道火焰。

8 在每道橙色火焰的上面浇饰1道黄色火焰。把饼干晾干，食用前晾置至少6小时或一整晚。

生日宴会

小贴士

在用糖霜填充时，有时会出现气泡，可用牙签尖挑破气泡。

如果抖动饼干后，饼干上还有多余的亮粉，可等饼干彻底干燥后，用食品刷或棉签轻轻地刷掉多余的亮粉。

花样小变化

用数字代替飞船中央的五角星，数字可以是生日会小主人的年龄，也可以用他（她）的姓名首字母代替。按步骤所示撒上亮粉。

生日宴会

呜呜响的火车

像很多小男孩儿一样，我弟弟在孩提时代对火车十分着迷。虽然我很确定他的火车迷恋期已过，但我坚信他的火车饼干迷恋期还在持续。他现在依旧热爱这些动力十足的饼干。制作大约24块饼干。

需要的原料和工具

- 一个配方的饼干面团（第36～46页）
- 火车饼干切模
- 一个配方的蛋白糖霜（第47页）
- 蓝色啫喱状色素
- 黄色啫喱状色素
- 黑色啫喱状色素
- 红色啫喱状色素
- 4个挤压瓶
- 玉米淀粉
- 小号擀面杖
- 黑色翻糖
- 2个小号圆形切模，一个比另一个稍大（见小贴士）
- 2个一次性裱花袋
- 2个连接器
- 2个2号圆形裱花嘴
- 金色亮粉
- 镊子
- 珍珠糖

所需技巧

- 染色糖霜（第22页）
- 填充挤压瓶（第24页）
- 使用翻糖（第30页）
- 浇饰（第27页）
- 填充（第28页）
- 填充裱花袋（第24页）
- 添加闪光装饰品（第28页）
- 添加装饰品（第31页）

> **准备工作**
>
> **烘焙饼干：** 把面团擀好，用火车饼干切模压出造型。根据配方指南烘烤。装饰前要完全冷却。
>
> **糖霜的着色及稀释：** 在四个碗中各放¾杯（175毫升）糖霜，把两份染成蓝色，一份染成黄色，另一份保持白色。把白色和一份蓝色糖霜密封放到一边备用。把½杯（125毫升）糖霜放入碗中，染成黑色。把剩下的糖霜染成红色。把黄色、黑色、红色糖霜和剩下的一份蓝色糖霜按"两步糖霜"（第24页）浓度标准稀释，分别装入挤压瓶。

1 在台面上薄薄地撒上一层玉米淀粉，把翻糖擀至3毫米厚，用圆形切模给每一片饼干切出一大一小2个翻糖圆片。在翻糖圆片背部抹上糖霜，把小圆片粘在火车饼干的小车轮上，大圆片粘在大车轮上。

2 用红色糖霜浇饰、填充出火车引擎部分，不包括如图所示部分。

3 用装有蓝色糖霜的挤压瓶浇饰、填充火车的蒸汽室、窗户、驾驶室顶棚。

4 用黑色糖霜填充火车前端底部的保险杠。让糖霜静置定型至少6小时或一整晚。

5
如图所示，用黄色糖霜浇饰窗户，浇饰、填充火车前端的圆形区域、火车蒸汽室的顶端区域。立即在未干的糖霜上撒上亮粉，抖掉多余的亮粉。重复以上步骤，装饰剩余的饼干。

6
把白色糖霜和剩余的蓝色糖霜分别装进带2号裱花嘴的裱花袋。用白色糖霜在每个车轮上画出间隔均匀的8条轮辐。

7
用装有蓝色糖霜的裱花袋在火车侧面浇饰3条弯曲的粗线，驾驶室顶棚的边缘，两个车轮间的连接线。

8
趁蓝色糖霜未干，用镊子在每个车轮的中央及连接线的中央各放置一粒珍珠糖。重复第7～8步，装饰剩下的饼干。把饼干晾干，食用前晾置至少6小时或一整晚。

生日宴会

小贴士

圆形切模的尺寸要适合饼干的车轮大小，我选择的是2.5厘米和4厘米的圆形切模。

如果抖动饼干后，饼干上还有多余的亮粉，可等饼干彻底干燥后，用食品刷或棉签轻轻地刷掉多余的亮粉。

镊子适合用于添加珍珠糖这类的装饰品，多购置一副镊子，和你的装饰工具一起放在顺手的地方。

生日宴会

帆船

需要的原料和工具

- 一个配方的饼干面团（第36~46页）
- 帆船饼干切模
- 一个配方的蛋白糖霜（第47页）
- 黑色啫喱状色素
- 红色啫喱状色素
- 黄色啫喱状色素
- 蓝色啫喱状色素
- 一次性裱花袋
- 连接器
- 2号圆形裱花嘴
- 3个挤压瓶
- 牙签

所需技巧

- 染色糖霜（第22页）
- 填充挤压瓶（第24页）
- 使用翻糖（第30页）
- 填充裱花袋（第24页）
- 浇饰（第27页）
- 填充（第28页）
- 拉丝（第29页）

我第一次自己驾驶帆船的结果是把船弄翻，尖声求救，那也是我最后一次自己驾船。显然我需要多上几堂训练课才能驾驶成功，但至少现在我还能坚持制作帆船饼干。制作大约36块饼干。

准备工作

烘焙饼干：把面团擀好，用帆船饼干切模压出造型。根据配方指南烘烤。装饰前要完全冷却。

糖霜的着色及稀释：把½杯（125毫升）糖霜放到一个碗中，染成黑色，再装入有2号裱花嘴的裱花袋。把剩下的糖霜平均分到三个碗中，分别染成红色、蓝色和黄色。把红色、蓝色、黄色糖霜按"两步糖霜"（第24页）浓度标准稀释，分别装入挤压瓶。

1. 用蓝色糖霜浇饰、填充帆船的船体。

2. 用黑色糖霜浇饰桅杆，先在桅杆顶端浇饰圆点状桅尖，然后竖直浇饰桅杆。

3. 用红色糖霜浇饰、填充小帆。

4. 用黄色糖霜浇饰、填充大帆。

生日宴会

小贴士

在用糖霜填充时，有时会出现气泡，可以用牙签挑破气泡。

把这款饼干与其他运动主题的饼干搭配使用，效果更佳。

在步骤2中浇饰桅杆时，用尺子和美工刀可以帮你画出更直更平整的线条。

5 趁黄色糖霜未干，用蓝色糖霜在黄色大帆上间隔均匀地画出5～6条水平线。

6 用牙签尖端，如图所示，竖直地穿过蓝色线条拉丝装饰。重复第4～6步，装饰剩下的饼干。

7 用红色糖霜在帆船船体的上部浇饰3个圆点。

8 在桅杆的顶部浇饰一面小红旗。把饼干晾干，食用前晾置至少6小时或一整晚。

生日宴会

闪光的芭蕾短裙

我在孩提时代只上过几节芭蕾课（我更擅长花滑），但我一直保存着我的芭蕾短裙，用它来和朋友扮家家酒玩。我喜欢裙子上那些亮闪闪的小圆片，那些闪着绸缎光泽的花型装饰物。无论是在生日宴上还是在舞蹈表演后的招待会上，这些饼干会让任何一位芭蕾新秀欢心跳跃。制作大约30块饼干。

需要的原料和工具

- 一个配方的饼干面团（第36~46页）
- 芭蕾短裙饼干切模
- 一个配方的蛋白糖霜（第47页）
- 紫色啫喱状色素
- 2个挤压瓶
- 白色亮粉
- 玉米淀粉
- 小号擀面杖
- 白色翻糖
- 小号花朵切模
- 尺子
- 美工刀
- 镊子
- 白色珍珠糖

所需技巧

- 染色糖霜（第22页）
- 填充挤压瓶（第24页）
- 浇饰（第27页）
- 填充（第28页）
- 添加闪光装饰品（第28页）
- 使用翻糖（第30页）
- 添加装饰品（第31页）

准备工作

烘焙饼干： 把面团擀好，用芭蕾短裙饼干切模压出造型。根据配方指南烘烤。装饰前要完全冷却。

糖霜的稀释及着色： 按"两步糖霜"（第24页）浓度标准稀释糖霜。把糖霜平均分到两个碗中，把一份染成紫色，另一份颜色不变。把紫色和白色糖霜分别装入挤压瓶。

1 用白色糖霜浇饰饼干的短裙部分。

2 用白色糖霜填充短裙部分。

3 趁白色糖霜未干，撒上白色亮粉，抖掉多余的亮粉。重复第1~3步，装饰剩下的饼干。

4 用紫色糖霜浇饰饼干的紧身胸衣轮廓。

| | 生日宴会 |

小贴士

把暂时不用的翻糖用保鲜膜裹紧，因为翻糖很容易变干而不能再使用。

翻糖擀好后静置最多15分钟（但是时间不要太长）再切造型。这样做会使翻糖变硬一点，切得更干净、利落。

如果经常使用翻糖，美工刀是不错的工具。它的刀片比削皮刀更锋利，可以使切制更精确。

5 用紫色糖霜填充紧身胸衣部分。让糖霜静置定型至少6小时或一整晚。

6 在台面上薄薄地撒上一层玉米淀粉，把翻糖擀至3毫米厚。

7 用花朵切模给每一片饼干切出一朵花形翻糖。

8 用尺子和美工刀把翻糖切成宽5毫米的长条，长度略长于短裙的腰线。

9 把翻糖长条背面抹上糖霜，粘在短裙的腰线部位，把长条的两端压至饼干侧面，使饼干整体看起来平整。

10 把翻糖花朵背面抹上糖霜，粘在翻糖长条的中央。

第四章 饼干之儿童篇 117

生日宴会

小贴士

镊子适合用于添加珍珠糖这类的装饰品，多购置一副镊子，和你的装饰工具一起放在顺手的地方。

花样小变化

用生日宴会女主人喜欢的颜色来代替紫色。

如果没有花朵切模，可以自己手工绘制。用带2号裱花嘴的裱花袋可以画出简单的五瓣花朵。

11 用紫色糖霜在花朵中央浇饰一个圆点。

12 沿着裙边浇饰一条紫色的边线。

13 在紧身胸衣部分的上部浇饰一条边线。

14 趁紫色糖霜未干，用镊子沿着紧身胸衣上部的紫色边线放上一串珍珠糖。重复第13～14步，装饰剩下的饼干。把饼干晾干，食用前晾置至少6小时或一整晚。

奶牛

看到这些饼干，你的耳边是不是响起了"哞"的叫声？这个简单的设计适合所有制作水平和年龄层次的装饰者。这些饼干与冰牛奶会成为绝配。制作大约36块饼干。

> **准备工作**
>
> **烘焙饼干：** 把面团擀好，用奶牛头饼干切模压出造型。根据配方指南烘烤。装饰前要完全冷却。
>
> **糖霜的稀释及着色：** 按"两步糖霜"（第24页）浓度标准稀释糖霜。把1杯（250毫升）糖霜装入碗中并染成粉红色。把剩下的糖霜平均分至两个碗中，一份染成黑色，一份颜色保持白色不变。把粉红色、黑色和白色糖霜分别装入挤压瓶。

农场动物

需要的原料和工具
- 一个配方的饼干面团（第36~46页）
- 奶牛头饼干切模
- 一个配方的蛋白糖霜（第47页）
- 粉红色啫喱状色素
- 黑色啫喱状色素
- 3个挤压瓶
- 镊子
- 蛋白糖霜眼睛

所需技巧
- 染色糖霜（第22页）
- 填充挤压瓶（第24页）
- 浇饰（第27页）
- 填充（第28页）
- 添加装饰品（第31页）

小贴士

在饼干上进行浇饰前，我喜欢用美工刀或可食用记号笔把所需图案轻轻描绘出来，然后再沿着描绘线进行浇饰。这样做可让我提前明了成品的样子，这比徒手浇饰简单得多。

如果没有蛋白糖霜眼睛，可用带有2号圆形裱花嘴的裱花袋画出简单的眼睛形状。

1 用黑色糖霜浇饰、填充奶牛头的侧面，不包括内耳、鼻子、中央鼻梁部位，立刻用镊子把两只蛋白糖霜眼睛放到奶牛头两侧的黑色区域。重复该步骤，装饰剩下的饼干。

2 用粉红色糖霜浇饰、填充内耳、鼻子部位，立刻在鼻子部位浇饰两道黑色鼻孔。重复该步骤，装饰剩下的饼干。

3 用白色糖霜浇饰、填充中央鼻梁部位。把饼干晾干，食用前晾置至少6小时或一整晚。

农场动物

小羊羔

我的婆婆在佛蒙特州饲养小羊羔,这些甜美的饼干最适合她了(虽然她的羊羔不戴粉红色的大领结)。这些饼干也适合正在学习童谣"玛丽有一只小羊羔"的小朋友们。我喜欢饼干上那一个一个浇饰出来的小圆点,它们像极了小羊羔那毛茸茸的外套。制作大约36块饼干。

需要的原料和工具

- 一个配方的饼干面团(第36~46页)
- 小羊羔饼干切模
- 一个配方的蛋白糖霜(第47页)
- 黑色啫喱状色素
- 粉红色啫喱状色素
- 挤压瓶
- 玉米淀粉
- 小号擀面杖
- 粉红色翻糖
- 小号领结切模
- 3个一次性裱花袋
- 3个连接器
- 2号圆形裱花嘴
- 2个1号圆形裱花嘴

所需技巧

- 染色糖霜(第22页)
- 填充挤压瓶(第24页)
- 浇饰(第27页)
- 填充(第28页)
- 使用翻糖(第30页)
- 填充裱花袋(第24页)

准备工作

烘焙饼干: 把面团擀好,用小羊羔饼干切模压出造型。根据配方指南烘烤。装饰前要完全冷却。

糖霜的着色及稀释: 把½杯(125毫升)糖霜放入两个碗中,一份染成黑色,一份染成粉红色。把两个碗密封,放在一边备用。把剩下的糖霜平均分至两个碗中,把一个碗密封,放到一边备用。把剩下的糖霜按"两步糖霜"(第24页)浓度标准稀释,装入挤压瓶。

1 用白色糖霜浇饰小羊羔的轮廓,不包括羊蹄部位。

2 用白色糖霜进行填充。让糖霜静置定型至少6小时或一整晚。

3 在台面上薄薄地撒上一层玉米淀粉,把翻糖擀至3毫米厚。

4 用领结切模为每一片饼干切出一片翻糖领结。把翻糖领结放在烤盘上晾干,放置至少4小时或一整晚。

农场动物

5 把剩下的白色糖霜装进带2号裱花嘴的裱花袋。在整个饼干上，一个挨一个地浇饰圆点，不包括内耳和脸部。

6 分别把黑色和粉红色糖霜装进带1号裱花嘴的裱花袋。用黑色糖霜浇饰羊羔的眼睛、鼻子和蹄子。

7 用粉红色糖霜填充内耳，再浇饰羊羔的嘴巴。

8 把翻糖领结的背面抹上糖霜，粘在羊羔的脖子部位。把饼干晾干，食用前晾置至少6小时或一整晚。

小贴士

不用的糖霜要密封，因为糖霜很容易变干。

给翻糖染色时一定要戴一次性乳胶手套，这样你的手就不会被弄脏。

如果没有小号领结切模，你可以用手捏出领结的形状，或用带有2号圆形裱花嘴的裱花袋画出领结的形状。

第四章　饼干之儿童篇

农场动物

微笑的小猪

我们都听过这句谚语"快乐得像滚在烂泥里的猪",不过这只小猪,粉红色的脸颊,脖子上围着一圈新鲜雏菊,比普通的小猪更干净、更可爱,也更快乐。像其他的农场动物饼干一样,这款饼干很适合浇饰新手。制作大约36块饼干。

需要的原料和工具

- 一个配方的饼干面团(第36~46页)
- 小猪饼干切模
- 一个配方的蛋白糖霜(第47页)
- 黑色啫喱状色素
- 黄色啫喱状色素
- 粉红色啫喱状色素
- 挤压瓶
- 3个一次性裱花袋
- 3个连接器
- 3个1号圆形裱花嘴
- 棉签
- 粉红色金属光泽亮粉

所需技巧

- 染色糖霜(第22页)
- 填充裱花袋(第24页)
- 填充挤压瓶(第24页)
- 浇饰(第27页)
- 填充(第28页)
- 使用翻糖(第30页)

准备工作

烘焙饼干: 把面团擀好,用小猪饼干切模压出造型。根据配方指南烘烤。装饰前要完全冷却。

糖霜的着色及稀释: 把½杯(125毫升)糖霜放入三个碗中,一份染成黑色,一份染成黄色,一份颜色保持白色不变。把三个碗密封,放在一边备用。把剩下的糖霜染成粉红色,按"两步糖霜"(第24页)浓度标准稀释,装入挤压瓶。

1 用粉红色糖霜浇饰小猪的轮廓,猪蹄部位留出一部分不浇饰。

2 用粉红色糖霜进行填充,让糖霜静置定型至少6小时或一整晚。

3 把黑色、黄色和白色糖霜分别装入带1号裱花嘴的裱花袋。用黑色糖霜浇饰眼睛、鼻孔和微笑的表情。

4 浇饰黑色的猪蹄。

农场动物

5 用白色糖霜沿着脖子部位浇饰一圈雏菊。

6 用黄色糖霜在每朵雏菊的中央浇饰一个圆点。

7 用粉红色糖霜浇饰腿部、肚子、臀部和背部,再浇饰耳朵和一条卷曲的尾巴。

8 用棉签沾上一点金属光泽亮粉涂在脸颊部位,把亮粉揉涂成一个小圆圈。把饼干晾干,食用前晾置至少4小时。

小贴士

不用的糖霜要密封,因为糖霜很容易变干。

在用糖霜填充时,有时会出现气泡,可用牙签尖挑破气泡。

花样小变化

在小猪背部顶端浇饰一个黑色的投币口,就可以把这款设计转变成小猪储钱罐。

第四章 饼干之儿童篇

农场动物

吃奶酪的老鼠

这只小老鼠匆匆躲到谷仓的一角，这样它就可以享受它的奶酪而不怕被好奇的猫头鹰打扰。无论是三只瞎老鼠还是精灵鼠小弟，看上去友好的小老鼠都是孩子们喜爱的永恒主题。大人也爱这些饼干哟。制作大约30块饼干。

需要的原料和工具
- 一个配方的饼干面团（第36~46页）
- 老鼠饼干切模
- 一个配方的蛋白糖霜（第47页）
- 棕色啫喱状色素
- 粉红色啫喱状色素
- 黑色啫喱状色素
- 2个挤压瓶
- 玉米淀粉
- 小号擀面杖
- 象牙白色翻糖
- 尺子
- 美工刀
- 各种型号的圆形裱花嘴
- 牙签
- 一次性裱花袋
- 连接器
- 1号圆形裱花嘴
- 镊子
- 蛋白糖霜眼睛

所需技巧
- 染色糖霜（第22页）
- 填充挤压瓶（第24页）
- 浇饰（第27页）
- 填充（第28页）
- 使用翻糖（第30页）
- 填充裱花袋（第24页）
- 添加装饰品（第31页）

> **准备工作**
>
> **烘焙饼干**：把面团擀好，用老鼠饼干切模压出造型。根据配方指南烘烤。装饰前要完全冷却。
>
> **糖霜的着色及稀释**：把¼杯（60毫升）糖霜放入碗中，染成棕色。把碗密封，放到一边备用。把1杯（250毫升）糖霜放入碗中，染成粉红色。把剩下的糖霜染成灰色（见小贴士）。把粉红色和灰色糖霜按"两步糖霜"（第24页）浓度标准稀释，分别装入挤压瓶。

1 用灰色糖霜浇饰、填充每一片老鼠饼干，不包括内耳和肚子部位。

2 用粉红色糖霜浇饰、填充内耳和肚子部位。

3 在台面上撒上一层薄薄的玉米淀粉，把翻糖擀至2毫米厚，用尺子和美工刀切出边长2.5厘米的翻糖正方形。一片饼干需要1片翻糖正方形。

4 用各种型号的裱花嘴在翻糖正方形上切洞，让它看起来像一片瑞士奶酪。把切好洞的翻糖正方形放在烤盘上晾干，放置至少4小时或一整晚。

农场动物

5 用粉红色糖霜在每一片饼干上浇饰一条卷曲的尾巴,在尾梢快速拖动牙签拉出尾巴尖的形状。

6 用粉红色糖霜浇饰内耳和肚子的边线,用灰色糖霜浇饰整个耳朵的边线。

7 把棕色糖霜装进带1号裱花嘴的裱花袋,浇饰鼻子和胡须。

8 把蛋白糖霜眼睛背面抹上糖霜,用镊子粘在眼睛部位。把翻糖正方形背面抹上糖霜,粘在老鼠的前爪部位。把饼干晾干,食用前晾置至少6小时。

小贴士

我用3号和5号裱花嘴来给翻糖正方形切洞。

把糖霜染成灰色时,每次混入一点黑色啫喱状色素,直至达到理想的色度。

镊子适合用于添加蛋白糖霜眼睛这类的装饰品,多购置一副镊子,和你的装饰工具一起放在顺手的地方。

如果没有蛋白糖霜眼睛,可用带2号圆形裱花嘴的裱花袋画出简单的眼睛形状。

农场动物

好奇的猫头鹰

这是一款我认为最有创作乐趣的饼干，把眼睛浇饰在不同的位置，就会呈现出各种有趣的表情展现。制作大约24块饼干。

准备工作

烘焙饼干： 把面团擀好，用猫头鹰饼干切模压出造型。根据配方指南烘烤。装饰前要完全冷却。

糖霜的着色及稀释： 把1杯（250毫升）糖霜放入碗中，保持白色不变。把½杯（125毫升）糖霜放入碗中，染成黑色。把两个碗密封，放在一边备用。把剩下的糖霜染成绿色，按"两步糖霜"（第24页）浓度标准稀释，装入挤压瓶。

需要的原料和工具

- 一个配方的饼干面团（第36～46页）
- 猫头鹰饼干切模
- 一个配方的蛋白糖霜（第47页）
- 黑色啫喱状色素
- 绿色啫喱状色素
- 挤压瓶
- 玉米淀粉
- 小号擀面杖
- 淡蓝色翻糖
- 白色翻糖
- 棕色翻糖
- 橙色翻糖
- 直径2.5厘米圆形切模
- 直径2厘米圆形切模
- 美工刀
- 猫头鹰翅膀模板（第252页）
- 2个一次性裱花袋
- 2个连接器
- 2个2号圆形裱花嘴

所需技巧

- 染色糖霜（第22页）
- 填充挤压瓶（第24页）
- 浇饰（第27页）
- 填充（第28页）
- 使用翻糖（第30页）
- 使用美工刀（第31页）
- 使用模板（第32页）
- 填充裱花袋（第24页）

1 用绿色糖霜浇饰、填充每一片猫头鹰饼干。让糖霜静置定型至少6小时或一整晚。

2 在台面上薄薄地撒上一层玉米淀粉，把蓝色和白色翻糖擀至2毫米厚，用直径2.5厘米圆形切模给每一片饼干切出2片蓝色圆形翻糖圆片，用直径2厘米圆形切模给每一片饼干切出2片白色圆形翻糖圆片。

3 在台面上薄薄地撒上一层玉米淀粉，把棕色翻糖擀至2毫米厚，用美工刀和猫头鹰翅膀模板给每一片饼干切出2片翻糖翅膀。

4 把一小块橙色翻糖捏成圆角的三角形，作为猫头鹰的鼻子。把所有的翻糖成品放在烤盘上晾干，晾置至少4小时或一整晚。

农场动物

5 把翻糖翅膀背面抹上糖霜，粘在饼干两侧。

6 把白色和黑色糖霜分别装进带2号裱花嘴的裱花袋。用白色糖霜在猫头鹰的身体部位浇饰出波浪线，用以模拟猫头鹰的胸部羽毛。

7 把2片蓝色翻糖圆片的背面抹上糖霜，粘在猫头鹰的头部。把2片白色翻糖圆片分别粘在蓝色翻糖圆片上，通过放在不同位置来模拟猫头鹰不同的视线方向。用黑色糖霜在白色翻糖圆片上浇饰出瞳孔，同样可以在不同的位置进行浇饰。

8 把翻糖鼻子背面抹上糖霜，粘在鼻子部位。把饼干晾干，食用前晾置至少六小时。

小贴士

如果挤压瓶一次装不下所有的绿色糖霜，把剩下的糖霜密封，需要时再装到挤压瓶里。

擀好翻糖后，让其静置最多15分钟，再切制所需形状。这样会使翻糖变硬一点，使切割进行得干净利落。

如果你要经常使用翻糖，应该购置一把美工刀。它的刀片比削皮刀更锋利，切割更精准。

第四章 饼干之儿童篇 127

农场动物

咯咯叫的小鸡

你可以设想这幅画：生机盎然的亮黄色小鸡，咯咯叫着在谷仓里跑来跑去，用红色的小嘴捡食谷粒。这也是一款设计简单的饼干，适合装饰新手。制作大约24块饼干。

需要的原料和工具

- 一个配方的饼干面团（第36~46页）
- 小鸡饼干切模
- 一个配方的蛋白糖霜（第47页）
- 红色啫喱状色素
- 橙色啫喱状色素
- 黄色啫喱状色素
- 挤压瓶
- 2个一次性裱花袋
- 2个连接器
- 2个2号圆形裱花嘴
- 镊子
- 蛋白糖霜眼睛

所需技巧

- 染色糖霜（第22页）
- 填充挤压瓶（第24页）
- 浇饰（第27页）
- 填充（第28页）
- 填充裱花袋（第24页）
- 添加装饰品（第31页）

准备工作

烘焙饼干：把面团擀好，用小鸡饼干切模压出造型。根据配方指南烘烤。装饰前要完全冷却。

糖霜的着色及稀释：把1½杯（375毫升）糖霜放入碗中，染成红色。把¼杯（60毫升）糖霜放入碗中，染成橙色。把两个碗密封，放在一边备用。把剩下的糖霜染成黄色，按"两步糖霜"（第24页）浓度标准稀释，装入挤压瓶。

1 用黄色糖霜浇饰小鸡饼干轮廓，不包括鸡爪部分。

2 用黄色糖霜进行填充。让糖霜静置定型至少6小时或一整晚。

3 把红色和橙色糖霜分别装到带2号裱花嘴的裱花袋。用红色糖霜在每片饼干上浇饰鸡喙。

4 在小鸡头部浇饰红色鸡冠，在尾部浇饰羽毛。

农场动物

5 在小鸡的脖子部位浇饰红色的波浪线，在身上浇饰波尔卡圆点图案，在侧面留出鸡翅部分不浇饰。

6 用橙色糖霜浇饰鸡爪。让糖霜静置定型15分钟。

7 用镊子把背面抹上糖霜的蛋白糖霜眼睛放在饼干上。

8 用黄色糖霜浇饰、填充鸡翅部分。把饼干晾干，食用前晾置至少6小时。

小贴士

镊子适合用于添加蛋白糖霜眼睛这类的装饰品，多购置一副镊子，和你的装饰工具一起放在顺手的地方。

如果没有蛋白糖霜眼睛，可用带2号圆形裱花嘴的裱花袋画出简单的眼睛形状。

可以把这款饼干与"鸡与蛋"那款饼干组合搭配（第56页）。

农场动物

鹅

当我完成这款设计时，我不由地想到了Gussy和Golly，《夏洛特的网》中的两只饶舌的鹅。事实上，整套农场动物饼干很适合以流行儿童读物为主题的聚会，也适合以像《鹅妈妈》这样的童谣为主题的聚会。制作大约24块饼干。

需要的原料和工具
- 一个配方的饼干面团（第36~46页）
- 鹅饼干切模
- 一个配方的蛋白糖霜（第47页）
- 橙色啫喱状色素
- 2个挤压瓶
- 玉米淀粉
- 小号擀面杖
- 蓝色翻糖
- 小号领结切模
- 镊子
- 蛋白糖霜眼睛

所需技巧
- 染色糖霜（第22页）
- 填充挤压瓶（第24页）
- 浇饰（第27页）
- 填充（第28页）
- 使用翻糖（第30页）
- 添加装饰品（第31页）

准备工作
烘焙饼干：把面团擀好，用鹅饼干切模压出造型。根据配方指南烘烤。装饰前要完全冷却。

糖霜的稀释及着色：按"两步糖霜"（第24页）浓度标准稀释糖霜。把1½杯（375毫升）糖霜放到碗中，染成橙色，剩下的糖霜保持白色不变。把橙色和白色糖霜分别装入挤压瓶。

1 用糖霜浇饰鹅饼干的轮廓，鹅爪和鹅喙的部位不浇饰。

2 用白色糖霜进行填充。

3 用橙色糖霜浇饰、填充鹅爪和鹅喙部位。让糖霜静置定型至少6小时或一整晚。

4 在台面上薄薄地撒上一层玉米淀粉，把翻糖擀至3毫米厚。

农场动物

5 用领结切模为每一片饼干切出一片翻糖领结。把翻糖领结放在烤盘上晾干,放置至少4小时或一整晚。

6 用白色糖霜在鹅的体侧浇饰3道弯曲的粗线制作鹅的翅膀。

7 用镊子把背面抹上糖霜的蛋白糖霜眼睛放到饼干上。

8 把翻糖领结背面抹上糖霜,粘在鹅的脖子部位。把饼干晾干,食用前晾置至少6小时。

小贴士

如果白色糖霜一次用不完,把它密封,使用时再按需要装进挤压瓶。

如果没有小号领结切模,可以用手捏出领结的形状,或用带2号圆形裱花嘴的裱花袋画出领结的形状。

如果没有蛋白糖霜眼睛,可用带2号圆形裱花嘴的裱花袋画出简单的眼睛形状。

第四章 饼干之儿童篇

动物园里的动物

斑马

如果你想提升你的浇饰技巧，这款设计就很合适。我喜欢这款设计，因为它看上去很难，其实相对简单。你可以在瞬间提升你的浇饰技巧级别。制作大约30块饼干。

需要的原料和工具

- 一个配方的饼干面团（第36~46页）
- 马或斑马饼干切模
- 一个配方的蛋白糖霜（第47页）
- 黑色啫喱状色素
- 挤压瓶
- 一次性裱花袋
- 连接器
- 1号圆形裱花嘴
- 镊子
- 蛋白糖霜眼睛

所需技巧

- 染色糖霜（第22页）
- 填充挤压瓶（第24页）
- 浇饰（第27页）
- 填充（第28页）
- 填充裱花袋（第24页）
- 添加装饰品（第31页）

> **准备工作**
>
> **烘焙饼干**：把面团擀好，用马饼干切模压出造型。根据配方指南烘烤。装饰前要完全冷却。
>
> **糖霜的着色及稀释**：把糖霜平均分至两个碗中，一份染成黑色，一份保持白色不变。把黑色糖霜密封，放到一边备用。把白色糖霜按"两步糖霜"（第24页）浓度标准稀释，装入挤压瓶。

1 用白色糖霜浇饰斑马饼干轮廓，马尾不浇饰。

2 用白色糖霜进行填充。让糖霜静置定型至少6小时或一整晚。

3 把黑色糖霜装进带1号裱花嘴的裱花袋，浇饰斑马的蹄部和口鼻部。

4 浇饰2个小三角形来代表斑马的耳朵，在耳朵下浇饰出一条发迹线。

动物园里的动物

小贴士

如果没有马或斑马饼干切模,可用其他合适的模具代替,比如旋转木马模具,记得在烘焙前切掉旋转木马的转杆。

镊子适合用于添加蛋白糖霜眼睛这类的装饰品,多购置一副镊子,和你的装饰工具一起放在顺手的地方。

如果没有蛋白糖霜眼睛,可用带2号圆形裱花嘴的裱花袋画出简单的眼睛形状。

5 如图所示,在斑马身体上浇饰条纹图案,头部不浇饰。

6 在马尾部从上到下浇饰10~12条竖线,让一部分线条重合,看起来像一条浓密的黑色马尾。

7 用镊子把背面抹上糖霜的蛋白糖霜眼睛放到饼干上。

8 用白色糖霜在斑马的口鼻部位浇饰鼻孔。把饼干晾干,食用前晾置至少6小时。

动物园里的动物

长颈鹿

长颈鹿虽然体型硕大但给人的印象却是长相甜美、性格温柔。这款饼干我最喜欢的地方是小巧可爱的鹿角和摆来摆去的鹿尾，长颈鹿身上的斑点图案也很酷。制作大约24块饼干。

准备工作

烘焙饼干： 把面团擀好，用长颈鹿饼干切模压出造型。根据配方指南烘烤。装饰前要完全冷却。

糖霜的着色及稀释： 把¼杯（60毫升）糖霜放入碗中，染成黑色，密封后放在一边备用。把1½杯（375毫升）糖霜放入碗中，染成紫铜色。把1杯（250毫升）糖霜放在碗中，染成深棕色。把剩下的糖霜染成黄色。把紫铜色、深棕色、黄色糖霜按"两步糖霜"（第24页）浓度标准稀释，分别装入挤压瓶。

需要的原料和工具

- 一个配方的饼干面团（第36~46页）
- 长颈鹿饼干切模
- 一个配方的蛋白糖霜（第47页）
- 黑色啫喱状色素
- 紫铜色啫喱状色素
- 棕色啫喱状色素
- 黄色啫喱状色素
- 3个挤压瓶
- 棕色翻糖
- 圆头翻糖塑形工具
- 美工刀
- 蛋白糖霜眼睛
- 一次性裱花袋
- 连接器
- 1号圆形裱花嘴

所需技巧

- 染色糖霜（第22页）
- 填充挤压瓶（第24页）
- 浇饰（第27页）
- 填充（第28页）
- 使用翻糖（第30页）
- 使用美工刀（第31页）
- 添加装饰品（第31页）
- 填充裱花袋（第24页）

1 用黄色糖霜浇饰出长颈鹿饼干的轮廓，蹄部和口鼻部不浇饰。

2 用黄色糖霜进行填充。让糖霜静置定型至少6小时或一整晚。

3 把翻糖擀成直径3毫米的细条。在细条上切下长1厘米的长条。取一小块翻糖捏成直径稍大于3毫米的圆球，在圆球背面抹上糖霜，轻轻粘在翻糖细条的一端。为每片饼干做2支这样的鹿角。

4 把翻糖捏成一个三角形。用圆头翻糖塑形工具的顶端压三角形，形成一个弯曲的耳朵的形状。为每一片饼干做1只耳朵。

动物园里的动物

5 把翻糖擀成宽3毫米的翻糖长条，在翻糖长条上切下长5厘米的长条用作鹿尾，在尾巴的底端用美工刀轻轻地刻出线条来代表尾巴上的毛发。为每一片饼干做一条尾巴。把所有的翻糖部件放在烤盘上晾干，放置至少4小时或一整晚。

6 用深棕色糖霜浇饰蹄部和口鼻部分。

7 从头部至尾部，沿着长颈鹿的背部浇饰一道深棕色边线。

8 如图所示，用紫铜色糖霜从腿部向上至脖子部位浇饰长颈鹿身上的斑点图案。

9 把翻糖鹿角的背面抹上糖霜，粘在长颈鹿的头部。

10 用深棕色糖霜在鹿角的末端浇饰毛发来盖住鹿角末端。

小贴士

把不用的糖霜密封，因为糖霜很容易变干。

在用糖霜填充时，有时会出现气泡，可用牙签尖挑破气泡。

给翻糖染色时一定要戴一次性乳胶手套，这样你的手就不会被弄脏。

把暂时不用的翻糖用保鲜膜紧紧地裹住，因为翻糖很容易变干从而无法使用。

如果没有圆头翻糖塑形工具，烤肉叉子或相似形状的厨房用具都可用来塑造耳朵形状。

如果没有美工刀，可以用小型锋利的刀具代替。

动物园里的动物

小贴士

镊子适合用于添加蛋白糖霜眼睛这类的装饰品,多购置一副镊子,和你的装饰工具一起放在顺手的地方。

如果没有蛋白糖霜眼睛,可用带2号圆形裱花嘴的裱花袋画出简单的眼睛形状。

11 把翻糖鹿耳背面抹上糖霜,粘在鹿角后面。

12 把翻糖鹿尾背面抹上糖霜,粘在尾部。

13 用镊子把背面抹上糖霜的蛋白糖霜眼睛放到饼干上。

14 把黑色糖霜装进带1号裱花嘴的裱花袋,在口鼻部浇饰鼻孔。把饼干晾干,食用前晾置至少6小时。

蓝色小象

把这些甜美的蓝色小象饼干和它的动物园小伙伴搭配在一起,非常适合迎婴聚会。众所周知大象喜欢吃花生,所以用花生酱甜饼干面团(第41页)来制作这款饼干。制作大约30块饼干。

> **准备工作**
>
> **烘焙饼干:** 把面团擀好,用大象饼干切模压出造型。根据配方指南烘烤。装饰前要完全冷却。
>
> **糖霜的着色及稀释:** 把1杯(250毫升)糖霜放入碗中,染成浅蓝色。密封后放在一边备用。把¼杯(60毫升)糖霜分别放入两个碗中,一份染成黑色,一份保持白色不变。把所有的碗密封,放在一边备用。把剩下的糖霜染成浅蓝色,按"两步糖霜"(第24页)浓度标准稀释,装入挤压瓶。

动物园里的动物

需要的原料和工具

- 一个配方的饼干面团(第36~46页)
- 大象饼干切模
- 一个配方的蛋白糖霜(第47页)
- 蓝色啫喱状色素
- 黑色啫喱状色素
- 挤压瓶
- 玉米淀粉
- 小号擀面杖
- 粉红色翻糖
- 黑色翻糖
- 2.5厘米心形切模
- 美工刀
- 10号圆形裱花嘴(见小贴士)
- 小号食品刷(可选)
- 蓝色或银色金属光泽亮粉(可选)
- 3个一次性裱花袋
- 3个连接器
- 2号圆形裱花嘴
- 2个1号圆形裱花嘴
- 镊子

所需技巧

- 染色糖霜(第22页)
- 填充挤压瓶(第24页)
- 浇饰(第27页)
- 填充(第28页)
- 使用翻糖(第30页)
- 使用美工刀(第31页)
- 添加闪光装饰品(第28页)
- 填充裱花袋(第24页)

1 用装有浅蓝色糖霜的挤压瓶浇饰、填充大象饼干,象牙部分不浇饰。让糖霜静置定型至少6小时或一整晚。

2 在台面上薄薄地撒上一层玉米淀粉,把粉红色翻糖擀至2毫米厚,用心形切模为每2片饼干切出一片心形翻糖。

3 用美工刀把心形翻糖竖直切成两半。

4 把粉红色翻糖揉成直径3毫米的翻糖细条,在翻糖细条上切下长4厘米的长条,用作大象的尾巴。

第四章 饼干之儿童篇

动物园里的动物

小贴士

给翻糖染色时一定要戴一次性乳胶手套,这样你的手就不会被弄脏。

把暂时不用的翻糖都用保鲜膜紧紧地裹住,因为翻糖很容易变干从而无法使用。

如果没有心形切模,徒手用美工刀或其他小型锋利的刀具切制。

如果没有10号裱花嘴,用吸管的末端代替切模。

5 在尾巴的底端用美工刀轻轻地刻出线条来代表尾巴上的毛发。为每一片饼干做一条尾巴。

6 在台面上薄薄地撒上一层玉米淀粉,把黑色翻糖擀至2毫米厚。用10号裱花嘴做切模,为每一片饼干切出9片翻糖圆片。把所有的翻糖部件放在烤盘上晾干,放置至少4小时或一整晚。

7 如果需要,用小号食品刷在饼干上轻轻刷上一层金属光泽亮粉。

8 把半片心形翻糖翻转,使尖端朝下,直边面向大象的脸部,在背面抹上糖霜,粘在头部作为耳朵。

9 把剩下的浅蓝色糖霜装进带2号裱花嘴的裱花袋,浇饰饼干边线。

10 如图所示,在象牙、耳朵后、大腿浇饰细线。

11 把黑色和白色糖霜装进带1号裱花嘴的裱花袋。用白色糖霜浇饰象牙部分。

12 把翻糖尾巴背面抹上糖霜，粘在大象的尾部。

13 把翻糖圆片背面抹上糖霜，用镊子在大象脚部各粘4片，作为脚趾。把1片翻糖圆片作为眼睛粘在大象头部。

14 用黑色糖霜在象鼻顶端浇饰2个鼻孔。把饼干晾干，食用前晾置至少6小时。

动物园里的动物

小贴士

在用裱花嘴切制圆形翻糖时，为了防粘，可在切制间隔把裱花嘴蘸一下玉米淀粉，也可在裱花嘴内部薄薄地喷一层防粘烹饪喷雾剂。

刷金属光泽亮粉时，确保刷子是干燥的，否则亮粉会凝结成块而不是在饼干表面形成薄薄的均匀的一层。

镊子适合用于添加蛋白糖霜眼睛这类的装饰品，多购置一副镊子，和你的装饰工具一起放在顺手的地方。

第四章 饼干之儿童篇 139

动物园里的动物

猴子夫妇

像怕冷的企鹅一样，猴子们总是自得其乐，无论它们是在树丛间荡来荡去还是吃东西或是彼此做鬼脸玩。这对可爱的夫妇是非常般配的一对。制作大约30块饼干。

需要的原料和工具
- 一个配方的饼干面团（第36~46页）
- 猴子饼干切模
- 一个配方的蛋白糖霜（第47页）
- 黑色啫喱状色素
- 粉红色啫喱状色素
- 棕色啫喱状色素
- 3个挤压瓶
- 2个一次性裱花袋
- 2个连接器
- 2个1号圆形裱花嘴
- 镊子
- 白色珍珠糖

所需技巧
- 染色糖霜（第22页）
- 填充挤压瓶（第24页）
- 浇饰（第27页）
- 填充（第28页）
- 填充裱花袋（第24页）
- 添加闪光装饰品（第28页）

准备工作

烘焙饼干： 把面团擀好，用猴子饼干切模压出造型。根据配方指南烘烤。装饰前要完全冷却。

糖霜的着色及稀释： 把¾杯（75毫升）糖霜放入碗中，染成黑色。把¼杯（60毫升）糖霜放入碗中，染成粉红色。把两个碗密封，放在一边备用。把剩下的糖霜分至三个碗中，一份染成深棕色，一份染成浅棕色，一份染成更浅的棕色（见小贴士）。把三份糖霜按"两步糖霜"（第24页）浓度标准稀释，分别装入挤压瓶。

1 如图所示，用深棕色糖霜浇饰、填充猴子脸部的上半部分，内耳和眼睛部位不浇饰。

2 用浅棕色糖霜浇饰、填充猴子脸部的下半部分、内耳部分。

3 用更浅的棕色糖霜填充猴子脸部的眼睛部分。让糖霜静置定型至少6小时或一整晚。

4 把黑色和粉红色糖霜装入带1号裱花嘴的裱花袋。用黑色糖霜浇饰出鼻子、鼻孔和微笑的表情。

动物园里的动物

5
在眼睛部位浇饰黑色椭圆形眼睛。一半数量的饼干（猴子夫人），在眼睛上浇饰4根眼睫毛。

6
用粉红色糖霜在猴子夫人的头部顶端浇饰一个蝴蝶结。

7
立刻用镊子在蝴蝶结上放置1颗珍珠糖。重复第6~7步，装饰剩下的饼干。

8
用深棕色糖霜沿眼睛部位、上下脸部位浇饰边线。把饼干晾干，食用前晾置至少6小时。

小贴士

如果你有棕黄色啫喱状色素，可用它代替更浅的棕色啫喱状色素。

把不用的蛋白糖霜密封，因为蛋白糖霜很容易变干。

镊子适合用于添加蛋白糖霜眼睛这类的装饰品，多购置一副镊子，和你的装饰工具一起放在顺手的地方。

第四章 饼干之儿童篇

动物园里的动物

快乐的乌龟

乌龟是让人们着迷的动物，有些乌龟能活过150岁，但是它们通常都不爱活动，这使动物园里的游客更爱去看狮子或猴子。但是这些快乐的小家伙似乎并不在意，也许就是这彻底的平静才让它们休息得更好。制作大约30块饼干。

需要的原料和工具
- 一个配方的饼干面团（第36~46页）
- 乌龟饼干切模
- 一个配方的蛋白糖霜（第47页）
- 黑色啫喱状色素
- 粉红色啫喱状色素
- 绿色啫喱状色素
- 2个挤压瓶
- 3个一次性裱花袋
- 3个连接器
- 2号圆形裱花嘴
- 绿色砂糖
- 镊子
- 蛋白糖霜眼睛
- 2个1号裱花嘴

所需技巧
- 染色糖霜（第22页）
- 填充挤压瓶（第24页）
- 浇饰（第27页）
- 填充（第28页）
- 填充裱花袋（第24页）
- 添加闪光装饰品（第28页）
- 添加装饰品（第31页）

准备工作

烘焙饼干：把面团擀好，用乌龟饼干切模压出造型。根据配方指南烘烤。装饰前要完全冷却。

糖霜的着色及稀释：把¼杯（60毫升）糖霜分别放入两个碗中，一份染成黑色，一份染成粉红色。把两个碗密封，放在一边备用。把剩下的糖霜分至三个碗中，两份染成深绿色，一份染成浅绿色。把一份装有深绿色糖霜的碗密封，放到一边备用。把浅绿色和剩下的深绿色糖霜按"两步糖霜"（第24页）浓度标准稀释，分别装入挤压瓶。

1 如图所示，用浅绿色糖霜浇饰出乌龟壳。

2 用浅绿色糖霜填充乌龟壳。

3 用装有深绿色糖霜的挤压瓶浇饰、填充出乌龟的头部、脚部和尾巴。让糖霜静置定型至少6小时或一整晚。

4 把剩下的深绿色糖霜装入带2号裱花嘴的裱花袋，浇饰出乌龟壳轮廓和砖形图案，如图所示。

5 趁深绿色糖霜未干,撒上一层砂糖,抖掉多余的砂糖。重复第4~5步,装饰所有的饼干。

6 用镊子把蛋白糖霜眼睛背面抹上糖霜粘在乌龟头部顶端。

7 把黑色和粉红色糖霜装进带1号裱花嘴的裱花袋。用黑色糖霜在乌龟脸部浇饰微笑的表情。

8 用粉红色糖霜浇饰粉扑扑的脸颊。把饼干晾干,食用前晾置至少4小时。

动物园里的动物

小贴士

如果抖动饼干后,饼干上还有多余的砂糖,可以等饼干彻底干燥后,用食品刷或棉签轻轻地刷掉多余的砂糖。

镊子适合用于添加蛋白糖霜眼睛这类的装饰品,多购置一副镊子,和你的装饰工具一起放在顺手的地方。

如果没有蛋白糖霜眼睛,可用黑色和白色糖霜手工浇饰。

第四章 饼干之儿童篇

动物园里的动物

怕冷的企鹅

去动物园的人都愿意去企鹅馆瞧瞧，看那些可爱的动物玩耍，用肚皮滑行，自得其乐。不像它的伙伴们，这个小家伙有点怕冷，所以从雪屋中出来前，它戴上了耳罩，围上了围巾。制作大约40块饼干。

需要的原料和工具

- 一个配方的饼干面团（第36~46页）
- 企鹅饼干切模
- 一个配方的蛋白糖霜（第47页）
- 橙色啫喱状色素
- 黑色啫喱状色素
- 3个挤压瓶
- 玉米淀粉
- 小号擀面杖
- 红色翻糖
- 蓝色翻糖
- 美工刀

所需技巧

- 染色糖霜（第22页）
- 填充挤压瓶（第24页）
- 浇饰（第27页）
- 填充（第28页）
- 使用翻糖（第30页）
- 使用美工刀（第31页）

准备工作

烘焙饼干：把面团擀好，用企鹅饼干切模压出造型。根据配方指南烘烤。装饰前要完全冷却。

糖霜的稀释及着色：按"两步糖霜"（第24页）浓度标准稀释糖霜。把1杯（250毫升）糖霜放入碗中，染成橙色。剩下的糖霜，约1/3放入碗中，保持白色不变，2/3染成黑色。把橙色、白色、黑色糖霜分别装入挤压瓶中。

1 如图所示，用黑色糖霜浇饰企鹅的轮廓，腹部、脚、喙的部位不浇饰。

2 用黑色糖霜进行填充。

3 用白色糖霜浇饰、填充企鹅的腹部。

4 用橙色糖霜浇饰、填充企鹅的脚部。

动物园里的动物

小贴士

在用糖霜填充时，有时会出现气泡，可用牙签尖挑破气泡。

制作这款饼干，翻糖部件在黏合时要保持柔软，所以不要提前制作。

给翻糖染色时一定要戴一次性乳胶手套，这样你的手就不会被弄脏。

把暂时不用的翻糖都用保鲜膜紧紧地裹住，因为翻糖很容易变干从而无法使用。

5

浇饰橙色的喙部。让糖霜静置定型至少6小时或一整晚。

6

把红色翻糖擀成宽5毫米的细条。在翻糖细条上切下长4厘米的长条，把长条放在企鹅的颈部作为围巾的上部，把长条的两端压向饼干的两侧，用美工刀修掉多余的部分。重复该步骤，装饰剩下的饼干。

7

把更多的红色翻糖擀成宽5毫米的细条，在翻糖细条上为每一片饼干切下长5厘米的长条。

8

在每条长条的一端用美工刀轻轻地压出线条，制作围巾的穗状边饰。

9

如图所示，在每片饼干上放置1长条，长条上端和围巾部位重合，轻压粘牢。

10

把蓝色翻糖擀成宽5毫米的细条，在翻糖细条上为每一片饼干切下长2厘米的长条。

第四章 饼干之儿童篇

动物园里的动物

小贴士

如果要经常使用翻糖，美工刀是不错的工具，它的刀片比削皮刀更锋利，可以使你的切割进行得更加干净、利落。

镊子适合用于添加翻糖部件这类的装饰品，多购置一副镊子，和你的装饰工具一起放在顺手的地方。

11 把长条背面抹上糖霜，粘在企鹅的头部，作为耳罩的束带。

12 把一小块蓝色翻糖揉成直径8毫米的圆球。

13 把圆球背面抹上糖霜，粘在束带的底端。

14 用白色、黑色糖霜浇饰眼睛。把饼干晾干，食用前晾置至少4小时。

紫色章鱼

看到这只快乐的章鱼，你一定会笑逐颜开。瞧，它紫色的触角伸向各个方向。这款设计也非常适合初学者，只用到浇饰、填充和简单的刷亮粉技巧。制作大约40块饼干。

> **准备工作**
>
> **烘焙饼干**：把面团擀好，用章鱼饼干切模压出造型。根据配方指南烘烤。装饰前要完全冷却。
>
> **糖霜的着色及稀释**：把1杯（250毫升）糖霜放入碗中，染成粉红色。把¼杯（60毫升）糖霜放入碗中，染成黑色。把两个碗密封，放在一边备用。把剩下的糖霜染成紫色，按"两步糖霜"（第24页）浓度标准稀释糖霜，装入挤压瓶中。

海底世界

需需要原料和工具
- 一个配方的饼干面团（第36~46页）
- 章鱼饼干切模
- 一个配方的蛋白糖霜（第47页）
- 粉红色、黑色、紫色啫喱状色素
- 挤压瓶
- 小号食品刷
- 银色或紫色金属光泽亮粉
- 2个一次性裱花袋
- 2个连接器
- 2个1号圆形裱花嘴
- 镊子
- 蛋白糖霜眼睛

所需技巧
- 染色糖霜（第22页）
- 填充挤压瓶（第24页）
- 浇饰（第27页）
- 填充（第28页）
- 添加闪光装饰品（第28页）
- 填充裱花袋（第24页）
- 添加装饰品（第31页）

1 用紫色糖霜浇饰、填充章鱼饼干。让糖霜静置定型至少6小时或一整晚。

2 用小号食品刷在饼干上刷上金属光泽亮粉。用镊子把背面抹上糖霜的2个蛋白糖霜眼睛粘在章鱼头部中央。

3 把粉红色、黑色糖霜装进带1号裱花嘴的裱花袋。如图所示，用粉红色糖霜在章鱼的触角和身侧浇饰小圆点，用黑色糖霜浇饰出微笑的表情。把饼干晾干，食用前晾置至少6小时。

海底世界

海星

海星是非常漂亮的动物，我在潜游时就喜欢寻找它们（我可不擅长深潜）。在这款饼干中，我用浇饰和添加珍珠糖来重现海星的形态，装饰过程是要花点时间，但效果很漂亮。制作大约36块饼干。

需要的原料和工具
- 一个配方的饼干面团（第36~46页）
- 海星饼干切模
- 一个配方的蛋白糖霜（第47页）
- 棕色啫喱状色素
- 橙色啫喱状色素
- 挤压瓶
- 小号食品刷
- 橙色或金色金属光泽亮粉
- 镊子
- 白色珍珠糖
- 一次性裱花袋
- 连接器
- 1号圆形裱花嘴

所需技巧
- 染色糖霜（第22页）
- 填充挤压瓶（第24页）
- 浇饰（第27页）
- 填充（第28页）
- 添加闪光装饰品（第28页）
- 添加装饰品（第31页）
- 填充裱花袋（第24页）

准备工作

烘焙饼干： 把面团擀好，用海星饼干切模压出造型。根据配方指南烘烤。装饰前要完全冷却。

糖霜的着色及稀释： 把1杯（250毫升）糖霜放入碗中，染成浅棕色。把碗密封，放在一边备用。把剩下的糖霜染成橙色，按"两步糖霜"（第24页）浓度标准稀释，装入挤压瓶中。

1 用橙色糖霜浇饰、填充海星饼干。让糖霜静置定型至少6小时或一整夜。

2 用小号食品刷刷一层金属光泽亮粉。

3 用橙色糖霜在海星的一只触角上浇饰出1条细线。

4 趁橙色糖霜未干，用镊子在细线上放上一串珍珠糖。重复第3~4步，装饰剩下的4个触角。

海底世界

5 在饼干中央浇饰1个橙色圆点。

6 用镊子围着圆点放置一圈共5颗珍珠糖。重复第3~6步，装饰剩下的饼干。

7 把浅棕色糖霜装进带1号裱花嘴的裱花袋，在珍珠糖圆圈中央浇饰1个圆点。

8 用浅棕色糖霜在每只触角上沿着珍珠糖串浇饰小圆点图案，海星中央部位不要浇饰。把饼干晾干，食用前晾置至少4小时。

小贴士

刷金属光泽亮粉时，要确保刷子是干燥的，否则亮粉会凝结成块而不是在饼干表面形成薄薄的均匀的一层。

镊子适合用于添加珍珠糖这类的装饰品，多购置一副镊子，和你的装饰工具一起放在顺手的地方。

除了搭配其他海洋生物饼干，这款饼干还适合搭配人字拖饼干、比基尼饼干，用于海滩主题派对。

海底世界

海豚

这款设计的灵感来自这样的画面,皮肤闪着莹莹蓝光的海豚和它的伙伴们在水中畅游、跳跃、欢唱。你可以把这款饼干和雨点形饼干搭配(见雨伞和雨点饼干,第58页),也可配上翻糖雨滴(见鲸鱼饼干,第152页),来模拟海豚溅起的巨大水花。制作大约36块饼干。

需要的原料和工具

- 一个配方的饼干面团(第36~46页)
- 海豚饼干切模
- 一个配方的蛋白糖霜(第47页)
- 黑色啫喱状色素
- 皇家蓝色啫喱状色素
- 2个挤压瓶
- 蓝色亮粉
- 一次性裱花袋
- 连接器
- 1号圆形裱花嘴

所需技巧

- 染色糖霜(第22页)
- 填充挤压瓶(第24页)
- 浇饰(第27页)
- 填充(第28页)
- 添加闪光装饰品(第28页)

准备工作

烘焙饼干:把面团擀好,用海豚饼干切模压出造型。根据配方指南烘烤。装饰前要完全冷却。

糖霜的着色及稀释:把¼杯(60毫升)糖霜放入碗中,染成黑色。把碗密封,放在一边备用。把剩下的糖霜平均分至两个碗中,一份染成皇家蓝色,一份保持白色不变。把蓝色和白色糖霜按"两步糖霜"(第24页)浓度标准稀释,分别装入挤压瓶中。

1 用蓝色糖霜浇饰海豚饼干轮廓,两块腹部部位不浇饰。

2 用蓝色糖霜进行填充。

3 趁蓝色糖霜未干,撒上亮粉,抖掉多余的亮粉。重复第1~3步,装饰剩下的饼干。

4 用白色糖霜浇饰、填充海豚的腹部。让糖霜静置定型至少6小时或一整晚。

海底世界

5 用蓝色糖霜把饼干的蓝色区域勾出边线，在尾鳍上浇饰分割线。

6 用白色糖霜浇饰眼睛。

7 把黑色糖霜装进带1号裱花嘴的裱花袋，在眼睛上浇饰瞳孔。

8 在海豚口鼻部末端浇饰黑色鼻孔。把饼干晾干，食用前晾置至少4小时。

小贴士

把不用的糖霜密封，因为糖霜很容易变干。

在用糖霜填充时，有时会出现气泡，可用牙签尖挑破气泡。

使用亮粉时，把多余的亮粉抖到一张烤盘纸上，这样就便于把它们装回罐子中，从而减少浪费。

海底世界

鲸鱼

我丈夫和我在墨西哥度假时，对看到的大量鲸鱼感到惊喜。它们似乎是被酒店召来为我们表演的。每天我们都能一次看见三四条鲸鱼，它们不停地从水里跃进跃出，我想它们是在炫耀吧。制作大约30块饼干。

需要的原料和工具

- 一个配方的饼干面团（第36~46页）
- 鲸鱼饼干切模
- 一个配方的蛋白糖霜（第47页）
- 青色啫喱状色素
- 2个挤压瓶
- 蓝色亮粉
- 玉米淀粉
- 小号擀面杖
- 白色翻糖
- 雨滴切模
- 镊子
- 蛋白糖霜眼睛

所需技巧

- 染色糖霜（第22页）
- 填充挤压瓶（第24页）
- 浇饰（第27页）
- 填充（第28页）
- 添加闪光装饰品（第28页）
- 使用翻糖（第30页）
- 添加装饰品（第31页）

准备工作

烘焙饼干：把面团擀好，用鲸鱼饼干切模压出造型。根据配方指南烘烤。装饰前要完全冷却。

糖霜的稀释及着色：按"两步糖霜"（第24页）浓度标准稀释糖霜。把1½杯（375毫升）糖霜放入碗中，保持白色不变。把剩下的糖霜染成青色。把青色和白色糖霜分别装入挤压瓶中。

1 用青色糖霜浇饰、填充鲸鱼饼干，两块腹部部位保持不动。

2 趁青色糖霜未干，在鲸鱼尾部撒上亮粉，抖掉多余的亮粉。重复第1~2步，装饰剩下的饼干。

3 用白色糖霜浇饰、填充鲸鱼的腹部。让糖霜静置定型至少6小时或一整晚。

4 在台面上薄薄地撒上一层玉米淀粉，把翻糖擀至3毫米厚，用雨滴切模为每一片饼干切出10片翻糖雨滴。把翻糖雨滴放在烤盘上晾干，放置至少4小时或一整晚。

海底世界

小贴士

如果青色糖霜一次填充不完，把剩下的糖霜密封，再按需填充。

如果抖动饼干后，饼干上还有多余的亮粉，可等糖霜彻底干燥后，用食品刷或棉签轻轻地刷掉多余的亮粉。

如果没有蛋白糖霜眼睛，可把黑色糖霜装进带2号裱花嘴的裱花袋，手工浇饰。

5 用青色糖霜把饼干的青色区域勾出边线。

6 如图所示，在鲸鱼的尾鳍和侧鳍上勾出细线条，在鲸鱼头部顶端浇饰圆形喷水口。

7 用镊子把背面抹上糖霜的蛋白糖霜眼睛放在鲸鱼头部，放置位置使鲸鱼看起来在向上瞧。把饼干晾干，食用前至少晾置至少4小时或一整晚。

8 当展示饼干时，把翻糖雨滴放置在喷水口四周，使其看起来像喷出的水花。

体育运动

网球拍

我曾经是一名网球高手,我的秘密武器就是有威力的反手击球。这款饼干的创作鼓舞我又回到了球场上。当然了,在完善球技的过程中,我会把我曾经的自豪感稍稍隐藏一下。把这款饼干和L-O-V-E饼干(第206页)搭配,作为对你心目中特殊人物的特殊款待。制作大约30块饼干。

需要的原料和工具

- 一个配方的饼干面团(第36~46页)
- 网球拍饼干切模
- 一个配方的蛋白糖霜(第47页)
- 黑色啫喱状色素
- 红色啫喱状色素
- 3个一次性裱花袋
- 3个连接器
- 2个2号圆形裱花嘴
- 1号圆形裱花嘴
- 挤压瓶
- 黄色翻糖

所需技巧

- 染色糖霜(第22页)
- 填充裱花袋(第24页)
- 填充挤压瓶(第24页)
- 浇饰(第27页)
- 填充(第28页)
- 添加闪光装饰品(第28页)
- 使用翻糖(第30页)

准备工作

烘焙饼干: 把面团擀好,用网球拍饼干切模压出造型。根据配方指南烘烤。装饰前要完全冷却。

糖霜的着色及稀释: 把1½杯(375毫升)糖霜放入碗中,染成黑色。把1杯(250毫升)糖霜放入碗中,染成红色。把黑色和红色糖霜分别装进带2号裱花嘴的裱花袋。把¼杯(60毫升)糖霜放入碗中密封,放在一边备用。把剩下的糖霜按"两步糖霜"(第24页)浓度标准稀释,装入挤压瓶中。

1 用黑色糖霜浇饰网球拍的拍头。

2 在拍喉处浇饰黑色边线,在拍柄的顶端和底端浇饰粗粗的边线。

3 用红色糖霜填充拍柄的中间部位,浇饰紧密的S形图案来表现拍柄的材质感。

4 用装有白色糖霜的挤压瓶填充拍头的中间部分。让糖霜静置定型至少6小时或一整晚。

体育运动

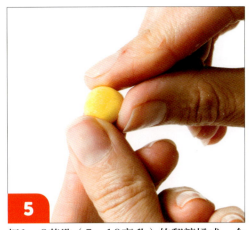

5

把1~2茶匙（5~10毫升）的翻糖揉成一个小球。为每一片饼干揉1个小球。把翻糖小球放在烤盘上晾干，放置至少4小时或一整晚。

6

把装有黑色糖霜的裱花袋的裱花嘴换成1号裱花嘴，在拍头上画上球拍线（见小贴士）。

7

趁黑色糖霜未干，把翻糖圆球粘在拍头上。重复第6~7步，装饰剩下的饼干。

8

把剩下的白色糖霜装进带1号裱花嘴的裱花袋，在网球上画上曲线。把饼干晾干，食用前晾置至少4小时。

小贴士

如果糖霜一次填充不完，把剩下的糖霜密封，再按需要填充。

在步骤6中，可先用尺子和美工刀在饼干上刻出一个模板，这样浇饰出的球拍线会更直，更平整。

把这款饼干和网球款饼干搭配（第156页）。

体育运动

网球

这款闪亮的网球饼干很适合初学者和切模收集不是很丰富的制作者。把它和其他球类饼干组合，或者和网球拍饼干（第154页）搭配。制作大约40块饼干。

需要的原料和工具

- 一个配方的饼干面团（第36~46页）
- 直径7.5厘米圆形饼干切模
- 一个配方的蛋白糖霜（第47页）
- 黄色啫喱状色素
- 挤压瓶
- 小号食品刷（可选）
- 金色金属光泽亮粉（可选）
- 一次性裱花袋
- 连接器
- 2号圆形裱花嘴
- 精制白色砂糖（可选）

所需技巧

- 染色糖霜（第22页）
- 填充挤压瓶（第24页）
- 浇饰（第27页）
- 填充（第28页）
- 添加闪光装饰品（第28页）
- 填充裱花袋（第24页）

小贴士

用圆形切模作为模具，可浇饰出完美的曲线。把切模和饼干部分重合，用美工刀轻轻地沿切模边刻出曲线，在饼干的另一端重复该步骤，最后用糖霜沿刻线进行浇饰。

准备工作

烘焙饼干：把面团擀好，用圆形饼干切模压出造型。根据配方指南烘烤。装饰前要完全冷却。

糖霜的着色及稀释：把1杯（250毫升）糖霜放入碗中，保持白色不变。把碗密封，放在一边备用。把剩下的糖霜染成黄色，按"两步糖霜"（第24页）浓度标准稀释，装入挤压瓶中（把剩下的黄色密封，再按需要装到挤压瓶中）。

1 用黄色糖霜浇饰、填充网球饼干。让糖霜静置定型至少6小时或一整晚。

2 如果需要，用小号食品刷在饼干上刷上一层金属光泽亮粉。

3 把白色糖霜装到带2号裱花嘴的裱花袋。在网球上浇饰2道曲线（见小贴士）。如果需要，立刻在白色糖霜上撒砂糖，抖掉多余的砂糖。把饼干晾干，食用前晾置至少4小时。

"击球"棒球

像网球饼干一样（第156页），这款饼干很适合在球场上迈步击球的你。饼干上细密的红色针脚很适合用于练习稳定的浇饰技巧。用这款饼干既可以庆祝球队大胜，也可以安慰失利的痛苦心灵。制作大约40块饼干。

> **准备工作**
>
> **烘焙饼干**：把面团擀好，用圆形饼干切模压出造型。根据配方指南烘烤。装饰前要完全冷却。
>
> **糖霜的着色及稀释**：把1½杯（750毫升）糖霜放入碗中，染成红色。把碗密封，放在一边备用。把剩下的糖霜按"两步糖霜"（第24页）浓度标准稀释，装入挤压瓶中（把剩下的糖霜密封，再按需要填充到挤压瓶中）。

体育运动

需要的原料和工具

- 一个配方的饼干面团（第36～46页）
- 直径7.5厘米圆形饼干切模
- 一个配方的蛋白糖霜（第47页）
- 红色啫喱状色素
- 挤压瓶
- 一次性裱花袋
- 连接器
- 1号圆形裱花嘴

所需技巧

- 染色糖霜（第22页）
- 填充挤压瓶（第24页）
- 浇饰（第27页）
- 填充（第28页）
- 填充裱花袋（第24页）

小贴士

用圆形切模作为模具，可浇饰出完美的红色曲线。把切模和饼干部分重合，用美工刀轻轻地沿切模边刻出曲线，在饼干的另一端重复该步骤，最后用糖霜沿刻线进行浇饰。

花样小变化

在开始第2步前，在饼干上刷上一层薄薄的均匀的亮粉，可使饼干呈现漂亮的光泽。

1 用白色糖霜浇饰、填充棒球饼干。让糖霜静置定型至少6小时或一整晚。

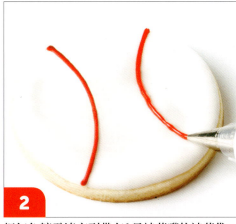

2 把红色糖霜填充到带有1号裱花嘴的裱花袋，在饼干上浇饰2道曲线（见小贴士）。

3 沿着曲线浇饰红色宽V形图案，排列紧密一些。把饼干晾干，食用前晾置至少4小时。

体育运动

足球

在这本书的球类饼干中，这款饼干需要的技巧最高，这主要是指黑色五角形或白色六角形设计。在正式进行装饰前，多多练习一下，别担心，"废品"饼干不会让你增加太多卡路里。制作大约40块饼干。

> **准备工作**
>
> **烘焙饼干**：把面团擀好，用圆形饼干切模压出造型。根据配方指南烘烤。装饰前要完全冷却。
>
> **糖霜的着色及稀释**：把糖霜均匀放入两个碗中，一份染成黑色，一份保持白色不变。把一半黑色糖霜填充到带有2号裱花嘴的裱花袋。把白色和剩下的黑色糖霜按"两步糖霜"（第24页）浓度标准稀释，分别装入挤压瓶中。

需要的原料和工具

- 一个配方的饼干面团（第36~46页）
- 直径7.5~9厘米圆形饼干切模
- 一个配方的蛋白糖霜（第47页）
- 黑色啫喱状色素
- 一次性裱花袋
- 连接器
- 2号圆形裱花嘴
- 2个挤压瓶
- 五角形模板（第252页）
- 美工刀或可食用记号笔
- 尺子

所需技巧

- 染色糖霜（第22页）
- 填充裱花袋（第24页）
- 填充挤压瓶（第24页）
- 使用模板（第32页）
- 使用美工刀（第31页）
- 浇饰（第27页）
- 填充（第28页）

1 把五角形模板放在饼干中央，用美工刀或可食用记号笔沿着模板轻轻划出标记。

2 用装有黑色糖霜的挤压瓶浇饰五角形。

3 用黑色糖霜填充五角形。

4 用美工刀或可食用记号笔沿着尺子在饼干的边缘轻轻划出5个三角形，把5个三角形的顶端分别与五角形的5个顶端用线连起来。

体育运动

小贴士

如果填充好糖霜的裱花袋暂时不用,把它竖直向上放在较深的饮水杯里。

在用糖霜填充时,有时会出现气泡,可用牙签尖挑破气泡。

5 用装有黑色糖霜的挤压瓶给每片饼干勾出边线。

6 用黑色糖霜浇饰、填充三角形。

7 用装有黑色糖霜的裱花袋浇饰三角形和五角形顶端的连接线。让糖霜静置15分钟。

8 用白色糖霜填充饼干上未填充的区域。把饼干晾干,食用前晾置至少6小时。

体育运动

橄榄球

我在德克萨斯州上的高中，在那里橄榄球不仅是一项体育运动，还是人们生活中的大事。每周五晚人们倾巢而出去观看比赛，最好的球员很容易就成为地方名流。这样说来，我在德克萨斯开一家只卖橄榄球饼干的糕点店可能会大赚一笔呢。制作大约36块饼干。

需要的原料和工具

- 一个配方的饼干面团（第36~46页）
- 橄榄球饼干切模
- 一个配方的蛋白糖霜（第47页）
- 棕色啫喱状色素
- 挤压瓶
- 玉米淀粉
- 小号擀面杖
- 白色翻糖
- 2个圆形切模，一个比另一个稍大（见小贴士）
- 一次性裱花袋
- 连接器
- 1号圆形裱花嘴

所需技巧

- 染色糖霜（第22页）
- 填充挤压瓶（第24页）
- 使用翻糖（第30页）
- 浇饰（第27页）
- 填充（第28页）
- 填充裱花袋（第24页）

准备工作

烘焙饼干： 把面团擀好，用橄榄球饼干切模压出造型。根据配方指南烘烤。装饰前要完全冷却。

糖霜的着色及稀释： 把1杯（250毫升）糖霜放入碗中，保持白色不变。把碗密封，放在一边备用。把剩下的糖霜染成棕色，按"两步糖霜"（第24页）浓度标准稀释，装入挤压瓶中。

1 用棕色糖霜浇饰橄榄球边线。

2 用棕色糖霜填充橄榄球。让糖霜静置定型至少6小时或一整晚。

3 在台面上薄薄地撒上一层玉米淀粉，把翻糖擀至3毫米厚，用大的圆形切模切出一个圆片。在圆片的中央用小的圆形切模切出另一个圆片，这样就会形成一个翻糖圆环。

4 把翻糖圆环放在橄榄球的一端，用美工刀进行修整，使圆环的两端与饼干的边缘对齐。用修整好的翻糖长条作为模具为每一片饼干切出2个长条。把翻糖长条放在烤盘上，放置至少4小时或一整晚。

体育运动

5
用棕色糖霜浇饰1道缝线,连接橄榄球的两端,让线条稍稍向下弯曲。

6
把翻糖长条背面抹上糖霜,在每片饼干的两端各粘一条,把长条的两端和饼干的两端对齐。

7
把白色糖霜装进带1号裱花嘴的裱花袋,在橄榄球顶端和翻糖长条之间浇饰1条曲线。

8
在曲线上浇饰几道白色短线,用以模拟系带。把饼干晾干,食用前晾置至少6小时。

小贴士

用来制作翻糖长条的圆形切模的尺寸取决于饼干的尺寸。我用的是直径6厘米和直径4.5厘米的切模,我的饼干尺寸是8厘米宽。

如果棕色糖霜一次填充不完,把剩下的糖霜密封,再按需要填充。

花样小变化

在开始第5步前,在饼干上刷上一层薄薄的均匀的棕色亮粉,可使饼干呈现漂亮的光泽。

第四章 饼干之儿童篇

体育运动

篮球灌篮

在全美大学体育联盟篮球联赛期间，我天天做这款简单的饼干，每次都很受欢迎。制作大约40块饼干。

需要的原料和工具
- 一个配方的饼干面团（第36~46页）
- 直径7.5厘米的圆形饼干切模
- 一个配方的蛋白糖霜（第47页）
- 黑色啫喱状色素
- 橙色啫喱状色素
- 挤压瓶
- 一次性裱花袋
- 连接器
- 2号圆形裱花嘴

所需技巧
- 染色糖霜（第22页）
- 填充挤压瓶（第24页）
- 浇饰（第27页）
- 填充（第28页）
- 填充裱花袋（第24页）

> **准备工作**
> **烘焙饼干**：把面团擀好，用圆形饼干切模切出造型。根据配方指南烘烤。装饰前要完全冷却。
> **糖霜的着色及稀释**：把1杯（250毫升）糖霜放入碗中，染成黑色。把碗密封，放在一边备用。把剩下的糖霜染成橙色，按"两步糖霜"（第24页）浓度标准稀释，装入挤压瓶中。

1 用橙色糖霜浇饰、填充篮球饼干。让糖霜静置定型至少6小时或一整晚。

2 把黑色糖霜装进带2号裱花嘴的裱花袋，在饼干的中央浇饰一道水平线，并稍微向下弯曲。

3 沿着饼干的中央线浇饰3道黑色线条：1道靠右，稍微向右弯曲；1道靠左，稍微向左弯曲；1道在中央，大幅度向左弯曲。把饼干晾干，食用前晾置至少4小时。

拉拉队队长

这款拉拉队队长饼干是我的最爱之一,大部分是因为她们手中的花球。为了花球的创新性制作方法,我绞尽脑汁,在厨房里翻箱倒柜,寻找灵感。当我看到压蒜器时,我突然灵光一现。制作大约30块饼干。

准备工作

烘焙饼干:把面团擀好,用姜饼女孩饼干切模压出造型。根据配方指南烘烤。装饰前要完全冷却。

糖霜的着色及稀释:把1杯(250毫升)糖霜放入碗中,染成黄色。把½杯(125毫升)糖霜放入碗中,染成黑色。把两个碗密封,放在一边备用。把剩下的糖霜平均分至两个碗中,一份染成红色,一份保持白色不变。把¾杯(175毫升)红色糖霜放入另一个碗中,密封后放在一边备用。把白色和剩下的红色糖霜按"两步糖霜"(第24页)浓度标准稀释,分别装入挤压瓶中。

> ### 体育运动
>
> **需要的原料和工具**
> - 一个配方的饼干面团(第36~46页)
> - 姜饼女孩饼干切模
> - 一个配方的蛋白糖霜(第47页)
> - 黄色啫喱状色素
> - 黑色啫喱状色素
> - 红色啫喱状色素
> - 2个挤压瓶
> - 玉米淀粉
> - 小号擀面杖
> - 红色翻糖
> - 迷你蝴蝶结切模
> - 压蒜器(见小贴士,第164页)
> - 美工刀
> - 3个一次性裱花袋
> - 3个连接器
> - 2号圆形裱花嘴
> - 3号圆形裱花嘴
> - 1号圆形裱花嘴
> - 红色亮粉
> - 镊子
>
> **所需技巧**
> - 染色糖霜(第22页)
> - 填充挤压瓶(第24页)
> - 浇饰(第27页)
> - 填充(第28页)
> - 填充裱花袋(第24页)

1 如图所示,用白色糖霜浇饰、填充拉拉队队长服装的上衣,从颈部开始,在上衣的下端形成一个尖端。

2 用白色糖霜浇饰、填充拉拉队队长的鞋子。

3 用装有红色糖霜的挤压瓶浇饰、填充拉拉队长的裙装。

4 用红色糖浇饰、填充拉拉队队长的袜子。让糖霜静置定型至少6小时或一整晚。

体育运动

小贴士

确保使用的是崭新的压蒜器,即使一点儿大蒜残渣也会让饼干沾上不好的味道。

可用压粒器代替压蒜器。

给翻糖染色时一定要戴一次性乳胶手套,这样你的手就不会被弄脏。

把暂时不用的翻糖用保鲜膜紧紧地裹住,因为翻糖很容易变干从而无法使用。

如果没有美工刀,可用任何小号的锋利的刀具代替。

5 在台面上薄薄地撒上一层玉米淀粉,把翻糖擀至2毫米厚,用蝴蝶结切模为每一片饼干切出1片翻糖蝴蝶结。

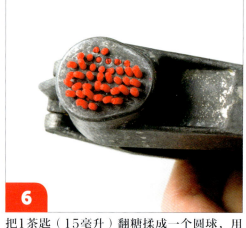

6 把1茶匙(15毫升)翻糖揉成一个圆球,用压蒜器压翻糖圆球,得到组成花球的细束。

7 用美工刀沿压蒜器的表面进行切割,把割下的细束底端捏在一起,形成花球的样子。为每一片饼干做2个花球。把翻糖领结和翻糖花球放在烤盘上晾干,放置至少4小时或一整晚。

8 把剩下的红色糖霜装进带2号裱花嘴的裱花袋,浇饰上装的边线,在白色区域的中央浇饰学校名字的首字母,在首字母下勾出V形。

9 用白色糖霜在裙装底端浇饰2道波浪形边线。

10 在翻糖领结表面轻轻刷上水,然后撒上亮粉,把多余的亮粉抖掉。

体育运动

11 把黄色糖霜装进带3号裱花嘴的裱花袋，浇饰拉拉队队长的头发，脸的两侧各浇饰3缕发丝。

12 趁黄色糖霜未干，用镊子把一片翻糖蝴蝶结粘在头发上，位置偏左。重复第11～12步，装饰剩下的饼干。

13 把黑色糖霜装进带1号裱花嘴的裱花袋，浇饰眼睛、鼻子和微笑的表情。

14 把翻糖花球背面抹上糖霜，一手一个粘在饼干上。把饼干晾干，食用前晾置至少6小时。

小贴士

使用亮粉时，把多余的亮粉抖到一张烤盘纸上，这样就便于你把它们装回罐子中，从而减少浪费。

头发的颜色按你的喜好选择，可把红色和棕色糖霜混合来浇饰红色或红褐色头发。

花样小变化

如果没有迷你蝴蝶结切模，可用美工刀手工切割。或者用带有2号裱花嘴的裱花袋，装上红色糖霜，进行浇饰。要确保饼干的其他部分都已干燥，这样亮粉就不会粘在其他部位。

第四章 饼干之儿童篇 165

体育运动

扩音器

拉拉队员们在比赛的大部分时间都呆在场边，但她们对队伍的胜利却功不可没。欢叫的拉拉队员们鼓舞了球迷，也鼓舞了球队。用这款闪亮的扩音器饼干来感谢你最喜爱的拉拉队员，把它和拉拉队队长饼干搭配，来款待那些做出漂亮后空翻的女孩们。制作大约36块饼干。

需要的原料和工具

- 一个配方的饼干面团（第36~46页）
- 扩音器饼干切模
- 一个配方的蛋白糖霜（第47页）
- 黑色啫喱状色素
- 红色啫喱状色素
- 挤压瓶
- 红色亮粉
- 玉米淀粉
- 小号擀面杖
- 黑色翻糖
- 10号圆形裱花嘴
- 一次性裱花袋
- 连接器
- 1号圆形裱花嘴

所需技巧

- 染色糖霜（第22页）
- 填充挤压瓶（第24页）
- 浇饰（第27页）
- 填充（第28页）
- 添加闪光装饰品（第28页）
- 使用翻糖（第30页）
- 填充裱花袋（第24页）

准备工作

烘焙饼干： 把面团擀好，用扩音器饼干切模压出造型。根据配方指南烘烤。装饰前要完全冷却。

糖霜的着色及稀释： 把1杯（250毫升）糖霜放入碗中，染成黑色。把碗密封，放在一边备用。把剩下的糖霜染成红色，按"两步糖霜"（第24页）浓度标准稀释，装入挤压瓶中。

1 用红色糖霜浇饰、填充扩音器饼干，把手部分不浇饰。

2 趁红色糖霜未干，撒上亮粉，抖掉多余的亮粉。重复第1~2步，装饰剩下的饼干。让糖霜静置定型至少6小时或一整晚。

3 在台面上薄薄地撒上一层玉米淀粉，把翻糖擀至3毫米厚，用10号圆形裱花嘴的圆形后部为每一片饼干切出1片圆片。

4 用10号裱花嘴的前部为每一片饼干切出4片圆片。把所有的翻糖部件放在烤盘上晾干，放置至少4小时或一整晚。

| | 体育运动 |

5 把黑色糖霜装进带1号裱花嘴的裱花袋,沿饼干轮廓勾出边线,包括把手部分。

6 用黑色糖霜沿着饼干的轮廓,在扩音器的两端,浇饰弯曲的竖线。

7 在饼干的偏左侧浇饰黑色的学校名字首字母,字母的高度从左到右依次增高。

8 把翻糖大圆片的背面抹上糖霜,粘在扩音器右侧中间偏下的位置。把翻糖小圆片的背面抹上糖霜,把4片翻糖小圆片作为脚趾粘在作为脚掌的翻糖大圆片上方。把饼干晾干,食用前晾置至少4小时。

小贴士

如果红色糖霜一次填充不完,把剩下的糖霜密封,再按需要填充。

如果没有10号花嘴裱,可用其他型号裱花嘴的后侧切出步骤3中的圆形翻糖,用吸管的末端切出步骤4中的圆形翻糖。

在用裱花嘴切制圆形翻糖时,为了防粘,可在切制间隔把裱花嘴蘸一下玉米淀粉,也可在裱花嘴内部薄薄地喷一层防粘烹饪喷雾剂。

镊子适合用于添加翻糖圆片这类的装饰品,多购置一副镊子,和你的装饰工具一起放在顺手的地方。

花样小变化

在扩音器上用学校的标志颜色浇饰学校的名字首字母。校徽,使其个性化。或者就简单地在侧面勾出"RAH"("哇噢")。

> 体育运动

靓丽的跑鞋

我丈夫和我每年都会穿坏几双跑鞋。我总是买颜色最靓丽的跑鞋，因为欢快的颜色在某种程度上鼓舞着我。也许，我可以在跑步后，用这款同样靓丽的饼干犒劳我自己。制作大约30块饼干。

需要的原料和工具

- 一个配方的饼干面团（第36~46页）
- 跑鞋饼干切模
- 一个配方的蛋白糖霜（第47页）
- 桃红色啫喱状色素
- 黑色啫喱状色素
- 橙色啫喱状色素
- 2个挤压瓶
- 2个一次性裱花袋
- 2个连接器
- 2个2号圆形裱花嘴
- 桃红色砂糖

所需技巧

- 染色糖霜（第22页）
- 填充挤压瓶（第24页）
- 浇饰（第27页）
- 填充（第28页）
- 填充裱花袋（第24页）
- 添加闪光装饰品（第28页）

准备工作

烘焙饼干： 把面团擀好，用跑鞋饼干切模压出造型。根据配方指南烘烤。装饰前要完全冷却。

糖霜的着色及稀释： 把1杯（250毫升）糖霜放入碗中，染成桃红色。把½杯（125毫升）糖霜放入碗中，保持白色不变。把两个碗密封，放在一边备用。把1½杯（375毫升）糖霜放入碗中，染成灰色。把剩下的糖霜染成橙色。把灰色和橙色糖霜按"两步糖霜"（第24页）浓度标准稀释，分别装入挤压瓶中。

1 用橙色糖霜浇饰跑鞋的鞋身、鞋底和部分鞋的内部区域。

2 用橙色糖霜填充鞋身部分。

3 用灰色糖霜填充鞋底部分。

4 用灰色糖霜填充部分鞋的内部区域。

5 把桃红色和白色糖霜装进带2号裱花嘴的裱花袋。如图所示，用桃红色糖霜在鞋的侧面浇饰图案（或用你自己的图案）。

6 趁桃红色糖霜未干，撒上砂糖，抖掉多余的砂糖。重复第5~6步，装饰剩下的饼干。

7 用橙色糖霜勾出鞋身、鞋底、鞋内部和鞋舌的边线。

8 用白色糖霜在鞋舌部位浇饰Z形图案来模拟鞋带。把饼干晾干，食用前晾置至少6小时。

体育运动

小贴士

把糖霜染成灰色时，每次混入一点黑色啫喱状色素，直到达到你想要的色度。

如果橙色糖霜一次填充不完，把剩下的糖霜密封，再按需要填充。

使用砂糖时，把多余的砂糖抖到一张烤盘纸上，这样就便于你把它们装回罐子中，从而减少浪费。

在学校体育赛事期间，制作这款饼干，或者用这款饼干告诉生病的朋友他们很快就会康复。

花样小变化

我喜欢亮色的跑鞋，你的喜好可能不同。按你的喜好选择颜色。

第四章 饼干之儿童篇

体育运动

桌球

这款饼干设计的灵感来自另一款相似的杯子蛋糕的设计。我的杯子蛋糕创意在一次比赛中拿了第一名，所以我想它同样适用于饼干制作。制作大约48块，或3套饼干。

需要的原料和工具

- 一个配方的饼干面团（第36~46页）
- 直径7.5厘米的圆形饼干切模
- 一个配方的蛋白糖霜（第47页）
- 红色啫喱状色素
- 蓝色啫喱状色素
- 紫色啫喱状色素
- 橙色啫喱状色素
- 黄色啫喱状色素
- 酒红色啫喱状色素
- 黑色啫喱状色素
- 9个挤压瓶
- 尺子
- 美工刀或可食用记号笔
- 玉米淀粉
- 小号擀面杖
- 白色翻糖
- 一次性裱花袋
- 连接器
- 1号圆形裱花嘴

所需技巧

- 染色糖霜（第22页）
- 填充挤压瓶（第24页）
- 浇饰（第27页）
- 填充（第28页）
- 使用美工刀（第31页）
- 使用翻糖（第30页）
- 填充裱花袋（第24页）

准备工作

烘焙饼干：把面团擀好，用圆形饼干切模压出造型。根据配方指南烘烤。装饰前要完全冷却。

糖霜的着色及稀释：把糖霜平均分至九个碗中，一份染成绿色，一份红色，一份蓝色，一份紫色，一份橙色，一份黄色、一份酒红色、一份黑色，一份保持白色不变。把一半的黑色糖霜放入另一个碗中，密封，放在一边备用。把剩下的糖霜按"两步糖霜"（第24页）浓度标准稀释，分别装入挤压瓶中。

1 用绿色糖霜浇饰、填充3片饼干。再分别用红色、蓝色、紫色、橙色、黄色、酒红色、白色糖霜浇饰、填充出3片饼干。让糖霜静置定型至少6小时或一整晚。

2 把尺子放在一片未填充糖霜的饼干中央，用美工刀或食品标记笔沿着尺子两端轻轻划出2道线。

3 用绿色糖霜浇饰、填充两道线围起的长条区域。

4 分别用红色、蓝色、紫色、橙色、黄色、酒红色糖霜重复第2~3步。

体育运动

5 所有的7片饼干上的长条区域都填充好后，用白色糖霜浇饰、填充7片饼干上的剩下未填充的区域。

6 在台面上薄薄地撒上一层玉米淀粉，把翻糖擀至2毫米厚，用裱花嘴的后部，切出45片翻糖圆片。把所有的翻糖圆片放在烤盘上晾干，放置至少2小时或一整晚。

7 把翻糖圆片背面抹上糖霜，一片圆片粘在一片饼干的中央，白色母球除外。

8 把剩下的黑色糖霜装进带1号裱花嘴的裱花袋，在每一片桌球饼干上浇饰一个数字（见小贴士）。把饼干晾干，食用前晾置至少4小时。

小贴士

这款设计用到的颜色较多，你可以一次多准备一些染好色的糖霜。

虽然浇饰方法相对简单，但用翻糖圆片会使饼干整体看上去更整齐一致。

在用裱花嘴切制圆形翻糖时，为了防粘，可在切制间隔把裱花嘴蘸一下玉米淀粉，也可在裱花嘴内部薄薄地喷一层防粘烹饪喷雾剂。

下列是标准的桌球的颜色数字对应：母球：黄色=1，蓝色=2，红色=3，紫色=4，橙色=5，绿色=6（在数字下画一道线），酒红色=7，黑色=8；条纹球：黄色=9（在数字下面画一道线），蓝色=10，红色=11，紫色=12，橙色=13，绿色=14，酒红色=15。

校园时光

红色校舍

无论是亮黄色的校钟还是蓝色的校门，这些吸引人的饼干绝对会缓解开学第一天的紧张不安。在孩子的餐盒里装上几片这样的饼干，他/她一定会成为餐厅里最受欢迎的人。为了达到最好效果，可以让孩子和你一起进行饼干的装饰。制作大约24块饼干。

需要的原料和工具
- 一个配方的饼干面团（第36~46页）
- 教堂饼干切模
- 一个配方的蛋白糖霜（第47页）
- 蓝色啫喱状色素
- 黑色啫喱状色素
- 黄色啫喱状色素
- 绿色啫喱状色素
- 红色啫喱状色素
- 3个一次性裱花袋
- 3个连接器
- 2个2号圆形裱花嘴
- 1号圆形裱花嘴
- 2个挤压瓶
- 玉米淀粉
- 小号擀面杖
- 米色（原白色）翻糖
- 尺子
- 美工刀

所需技巧
- 染色糖霜（第22页）
- 填充裱花袋（第24页）
- 填充挤压瓶（第24页）
- 浇饰（第27页）
- 填充（第28页）
- 使用翻糖（第30页）
- 使用美工刀（第31页）

> **准备工作**
>
> **烘焙饼干**：把面团擀好，用教堂饼干切模压出造型。根据配方指南烘烤。装饰前要完全冷却。
>
> **糖霜的着色及稀释**：把1¼杯（300毫升）糖霜放入碗中，染成蓝色。把¼杯（60毫升）蓝色糖霜放入另一个碗中，密封后放在一边备用。把1杯（250毫升）糖霜分别放入两个碗中，一份染成黑色，一份染成黄色。把黑色糖霜填充到带2号裱花嘴的裱花袋。把½杯（125毫升）糖霜放入碗中，染成绿色后密封，放在一边备用。把剩下的糖霜染成红色。把红色、黄色和剩下的1杯（250毫升）蓝色糖霜按"两步糖霜"（第24页）浓度标准稀释，分别装入挤压瓶中。

1 用黑色糖霜浇饰校舍的上部和下部屋顶边线，浇饰2扇前门和2扇窗户的边线，包括窗格（见小贴士）。

2 用蓝色糖霜填充前门。

3 用黄色糖霜填充窗格。

4 用红色糖霜浇饰、填充饼干剩下的区域。让糖霜静置定型至少6小时或一整晚。

5

在台面上薄薄地撒上一层玉米淀粉,把翻糖擀至2毫米厚,用美工刀沿着尺子切出1厘米宽、长4厘米的长条,一片饼干配一条长条。把所有的翻糖长条放在烤盘上晾干,放置至少4小时或一整晚。

6

把绿色糖霜装进带2号裱花嘴的裱花袋,在门的两侧饼干底部浇饰小草图案。

8

把翻糖长条背面抹上糖霜,一片饼干需要1条粘在窗户的正上方,用蓝色糖霜在长条上浇饰"SCHOOL"字样。把饼干晾干,食用前晾置至少6小时。

7

用黄色糖霜浇饰门把手和校舍顶部的校钟。把剩下的蓝色糖霜装进带1号裱花嘴的裱花袋,给校钟浇饰铃铛。用黑色糖霜在门的上面浇饰出一扇窗户。

校园时光

小贴士

如果没有教堂饼干切模,房屋形状的饼干切模即可,简单地在屋顶浇饰校钟。

在第1步中,浇饰门和窗户时,使用美工刀和尺子可以让你浇饰出更直更均匀的线条。

翻糖擀好后,静置最多15分钟(但是时间不要太长),再切制形状。这样做是为了让翻糖变得硬一点,切得更干净、利落。

花样小变化

如果没有翻糖,把米色啫喱状色素填充至带有2号裱花嘴的裱花袋,直接在饼干上浇饰出"SCHOOL"标记。

校园时光

黑板

这些微缩黑板甚至还包括一个黑板擦，一根粉笔，一个苹果。制作大约30块饼干。

需要的原料和工具

- 一个配方的饼干面团（第36~46页）
- 长方形饼干切模
- 一个配方的蛋白糖霜（第47页）
- 绿色啫喱状色素
- 棕色啫喱状色素
- 黑色啫喱状色素
- 2个挤压瓶
- 白色翻糖
- 红色翻糖
- 棕色翻糖
- 2个一次性裱花袋
- 2个连接器
- 2个2号圆形裱花嘴

所需技巧

- 染色糖霜（第22页）
- 填充挤压瓶（第24页）
- 浇饰（第27页）
- 填充（第28页）
- 使用翻糖（第30页）
- 填充裱花袋（第24页）

> **准备工作**
>
> **烘焙饼干**：把面团擀好，用长方形饼干切模压出造型。根据配方指南烘烤。装饰前要完全冷却。
>
> **糖霜的着色及稀释**：把1杯（250毫升）糖霜放入碗中，保持白色不变。把¼杯（60毫升）糖霜放入碗中，染成绿色。把两个碗密封，放在一边。把1½杯（375毫升）糖霜放入碗中，染成棕色。把剩下的糖霜染成黑色。把棕色、黑色糖霜按"两步糖霜"（第24页）浓度标准稀释，分别装入挤压瓶中。

1 用黑色糖霜浇饰、填充长方形饼干。让糖霜静置定型至少6小时或一整晚。

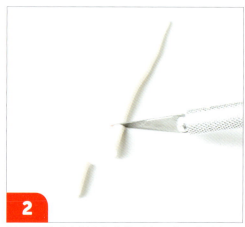

2 把翻糖擀成直径3毫米的圆条，在圆条上切下1厘米长条作为粉笔。

3 把2茶匙（10毫升）黑色翻糖揉成一个5毫米宽、2厘米长的厚长方形作为黑板擦，一片饼干需要1个黑板擦。

4 把2茶匙（10毫升）翻糖揉成一个苹果的形状，把苹果背面压平整。

校园时光

小贴士

给翻糖染色时一定要戴一次性乳胶手套，这样你的手就不会被弄脏。

把暂时不用的翻糖都用保鲜膜紧紧地裹住，因为翻糖很容易变干从而无法使用。

花样小变化

自己决定黑板上的内容，如果饼干是送给幼儿园老师的礼物，在黑板上写"ABC"或老师的名字。

5 把一小块棕色翻糖揉成苹果柄的形状，背面抹上水，轻轻地粘在苹果的顶端。一片饼干需要1个苹果。把所有的翻糖部件放在烤盘上，放置至少4小时或一整晚。

6 把白色和绿色糖霜分别装进带2号裱花嘴的裱花袋。用白色糖霜在饼干上浇饰一个数学公式。

7 用棕色糖霜沿饼干边缘浇饰一道厚边线。

8 趁棕色糖霜未干，把苹果，一支粉笔，一个黑板擦粘在底部边线上。用绿色糖霜在苹果上浇饰一小片绿叶。重复第7~8步，装饰剩下的饼干。把饼干晾干，食用前晾置至少6小时。

校园时光

彩色蜡笔

这款饼干是送给艺术课老师的绝佳礼物，也可作为创意艺术课作品。制作大约40块饼干。

需要的原料和工具

- 一个配方的饼干面团（第36~46页）
- 蜡笔饼干切模
- 一个配方的蛋白糖霜（第47页）
- 红色啫喱状色素
- 黄色啫喱状色素
- 蓝色啫喱状色素
- 紫色啫喱状色素
- 青色或绿色啫喱状色素
- 黑色啫喱状色素
- 5个挤压瓶
- 玉米淀粉
- 小号擀面杖
- 黑色翻糖
- 尺子
- 美工刀
- 椭圆形模板（第251页）
- 7个一次性裱花袋
- 7个连接器
- 6个1号圆形裱花嘴
- 2号圆形裱花嘴

所需技巧

- 染色糖霜（第22页）
- 填充挤压瓶（第24页）
- 浇饰（第27页）
- 填充（第28页）
- 使用翻糖（第30页）
- 使用模板（第32页）
- 填充裱花袋（第24页）

准备工作

烘焙饼干： 把面团擀好，用蜡笔饼干切模压出造型。根据配方指南烘烤。装饰前要完全冷却。

糖霜的着色及稀释： 把⅓杯（75毫升）糖霜分别放入七个碗中，一份染成红色，一份黄色，一份蓝色，一份紫色，一份青色，一份黑色，一份保持白色不变。把七个碗密封，放在一边备用。把剩下的糖霜平均放入五个碗中，一份染成红色，一份黄色，一份蓝色，一份紫色，一份青色。按"两步糖霜"（第24页）浓度标准稀释糖霜，分别装入挤压瓶中。

1 用挤压瓶分别浇饰、填充红、黄、蓝、紫、青色蜡笔饼干，数量为偶数。让糖霜静置定型至少6小时或一整晚。

2 在台面上薄薄地撒上一层玉米淀粉，把翻糖擀至2毫米厚，用美工刀和椭圆形模板切长2.5厘米、宽1厘米的翻糖椭圆形片。一片饼干需要1片翻糖椭圆片。

3 用美工刀和尺子切宽5毫米的翻糖长条，长度能盖过整个蜡笔。每片饼干需要2条长条。把所有的翻糖部件放在烤盘上晾干，放置至少4小时或一整晚。

4 把翻糖椭圆片的背面抹上糖霜，粘在每个蜡笔的中央。

5 把翻糖长条的背面抹上糖霜，把两条长条粘在一片饼干上，饼干两端各粘一条。

6 把剩下的红、黄、蓝、紫、青和黑色糖霜分别装进带1号裱花嘴的裱花袋，在翻糖椭圆片上用相应颜色的糖霜浇饰蜡笔颜色的名称（如"YELLOW"）。

7 用相同颜色的糖霜在翻糖长条上勾出曲线。

8 把白色糖霜装进带2号裱花嘴的裱花袋，如图所示，勾出2道短粗线。用黑色糖霜在蜡笔的两端画上装饰条。把饼干晾干，食用前晾置至少6小时。

校园时光

小贴士
如果你的蜡笔只有一个颜色，你只需1个挤压瓶，3个裱花袋，除黑色外1种颜色的啫喱状色素。

如果经常使用翻糖，美工刀是很好的工具。它比削皮刀更锋利，可以使你切割更精确。

花样小变化
除了在椭圆片上写蜡笔颜色的名称，也可以写客人的名字，用饼干做座位名卡。

第四章 饼干之儿童篇

校园时光

教科书

有很多方法来装饰书本饼干，这个版本适合作为创意礼物送给你最喜爱的科学老师。在花样小变化部分还有其他几个创意以供参考。制作大约36块饼干。

> **准备工作**
>
> **烘焙饼干：** 把面团擀好，用书本饼干切模压出造型。根据配方指南烘烤。装饰前要完全冷却。
>
> **糖霜的着色及稀释：** 把¾杯（175毫升）糖霜分别放到2个碗中，一份染成红色，一份蓝色。把½杯（125毫升）糖霜发别放入两个碗中，一份染成黑色，一份染成橙色。把所有的碗密封，放在一边备用。把¾杯（175毫升）糖霜放入碗中，保持白色不变。把剩下的糖霜染成红色。按"两步糖霜"（第24页）浓度标准稀释白色和红色糖霜，分别装入挤压瓶中。

需要的原料和工具

- 一个配方的饼干面团（第36~46页）
- 书本饼干切模
- 一个配方的蛋白糖霜（第47页）
- 红色啫喱状色素
- 蓝色啫喱状色素
- 黑色啫喱状色素
- 橙色啫喱状色素
- 2个挤压瓶
- 玉米淀粉
- 小号擀面杖
- 黄色翻糖
- 小号蝴蝶切模
- 4个一次性裱花袋
- 4个连接器
- 3个1号圆形裱花嘴
- 2号圆形裱花嘴

所需技巧

- 染色糖霜（第22页）
- 填充挤压瓶（第24页）
- 浇饰（第27页）
- 填充（第28页）
- 使用翻糖（第30页）
- 填充裱花袋（第24页）

1 用装有红色糖霜的挤压瓶在饼干上浇饰、填充书本形状，不包括书页部分（见小贴士）。

2 用白色糖霜浇饰、填充出书页部分。让糖霜静置定型至少6小时或一整晚。

3 在台面上薄薄地撒上一层玉米淀粉，把翻糖擀至2毫米厚，用蝴蝶切模为每一片饼干切出1片翻糖蝴蝶。把所有的翻糖蝴蝶放在烤盘上，放置至少4小时或一整晚。

4 把翻糖蝴蝶背面抹上糖霜，粘在书皮中央。

5

把蓝色、黑色、橙色糖霜分别装进带1号裱花嘴的裱花袋。用黑色糖霜在翻糖蝴蝶上浇饰蝴蝶的身体。用橙色糖霜在翅膀上浇饰装饰图案。

6

用黑色糖霜在书页部分浇饰线条来表示书页。

7

用蓝色糖霜在书皮顶端和书脊部位浇饰"SCIENCE"字样。

8

把剩下的红色糖霜装进带2号裱花嘴的裱花袋，浇饰书的边线。把饼干晾干，食用前晾置至少4小时。

校园时光

小贴士

装饰饼干时，我手边总是放一把尺子，这样我就可以画出很直的线来辅助我的浇饰操作。用美工刀或可食用记号笔画线，然后在上面用糖霜进行浇饰。

花样小变化

书皮的设计按孩子最喜欢的课程来设计。

很多主题都会用到书本饼干切模。为读书俱乐部聚会浇饰一款特别的书名，为新秀大厨制作一款迷你烹饪书，为新书作者复制一个新书封面，制作一本育儿指南来与其他迎婴聚会饼干搭配（第208～212页），或者为一位会计师制作一本迷你分类账本（在纳税季，他们很乐意收到这样的礼物）。

校园时光

牛奶盒

我上小学的时候，一盒牛奶25美分，如果25美分还能买上一片这样的饼干，那就再好不过了。制作大约30块饼干。

需要的原料和工具

- 一个配方的饼干面团（第36~46页）
- 牛奶盒饼干切模
- 一个配方的蛋白糖霜（第47页）
- 红色啫喱状色素
- 蓝色啫喱状色素
- 2个挤压瓶
- 5厘米圆形切模
- 美工刀
- 红色翻糖
- 白色翻糖
- 小号蝴蝶切模
- 一次性裱花袋
- 连接器
- 1号圆形裱花嘴

所需技巧

- 染色糖霜（第22页）
- 填充挤压瓶（第24页）
- 使用美工刀（第31页）
- 浇饰（第27页）
- 填充（第28页）
- 使用翻糖（第30页）
- 填充裱花袋（第24页）

> **准备工作**
>
> **烘焙饼干：** 把面团擀好，用牛奶盒饼干切模压出造型。根据配方指南烘烤。装饰前要完全冷却。
>
> **糖霜的着色及稀释：** 把1杯（250毫升）糖霜放入碗中，染成蓝色，密封后放在一边备用。把剩下的糖霜平均分至两个碗中，一碗染成红色，一碗保持白色不变。按"两步糖霜"（第24页）浓度标准稀释白色和红色糖霜，分别装入挤压瓶中。

1 把圆形切模放在饼干的前部中央，用美工刀沿切模轻轻地划出轮廓线，用红色糖霜浇饰、填充圆形。

2 如图所示，用红色糖霜浇饰、填充牛奶盒的顶端和底端。

3 用白色糖霜浇饰、填充牛奶盒剩下的部分。让糖霜静置定型至少6小时或一整晚。

4 把红色和白色翻糖擀成直径3毫米的圆条。把红、白长条并排放好，抓住长条两端，扭转直到长条形成草帽辫。

5 在草帽辫上切下4厘米长的细条。一片饼干需要1条细条。把所有的翻糖部件放在烤盘上晾干，放置至少4小时或一整晚。

6 把蓝色糖霜装进带1号裱花嘴的裱花袋，在顶端长方形区域浇饰"MILK"字样，在圆形区域浇饰"GRADE A"字样，在底端浇饰"FARM FRESH"字样。

7 用红色糖霜在红色区域浇饰边线。用白色糖霜在白色区域浇饰边线。

8 把每一条翻糖草帽辫背面抹上糖霜，粘在牛奶盒背面，使其看上去像插在牛奶盒里。把饼干晾干，食用前晾置至少6小时。

校园时光

小贴士

在第1步中，如果没有美工刀，可用可食用记号笔画线。

用糖霜填充时会出现气泡，可用牙签尖挑破气泡。

花样小变化

用棕色糖霜代替红色糖霜可制作出巧克力牛奶盒。用"CHOCOLATE MILK"代替"MILK"。

可在牛奶盒上浇饰出孩子的同学们的名字，使饼干个性化。

校园时光

校车

把这些饼干送给你最喜欢的校车司机作为谢礼吧。制作大约30块饼干。

需要的原料和工具

- 一个配方的饼干面团（第36~46页）
- 巴士饼干切模
- 一个配方的蛋白糖霜（第47页）
- 黑色啫喱状色素
- 红色啫喱状色素
- 黄色啫喱状色素
- 2个挤压瓶
- 玉米淀粉
- 小号擀面杖
- 红色翻糖
- 黑色翻糖
- 2.5厘米圆形切模
- 美工刀
- 停车标志模板（第251页）
- 3个一次性裱花袋
- 3个连接器
- 2个2号圆形裱花嘴
- 1号圆形裱花嘴

所需技巧

- 染色糖霜（第22页）
- 填充挤压瓶（第24页）
- 浇饰（第27页）
- 填充（第28页）
- 使用翻糖（第30页）
- 使用模板（第32页）
- 填充裱花袋（第24页）

> **准备工作**
>
> **烘焙饼干**：把面团擀好，用巴士饼干切模进行切制。根据配方指南烘烤。装饰前要完全冷却。
>
> **糖霜的着色及稀释**：把1杯（250毫升）糖霜放入碗中，染成黑色。把½杯（125毫升）糖霜放入碗中，染成红色。把¼杯（60毫升）糖霜放入碗中，保持白色不变。把所有的碗密封，放在一边备用。把1½杯（375毫升）糖霜放入碗中，保持白色不变。把剩下的糖霜染成黄色。按"两步糖霜"（第24页）浓度标准稀释白色和黄色糖霜，分别装入挤压瓶中。

1 如图所示，用黄色糖霜浇饰、填充饼干，不包括窗户和车轮部位。

2 用装有白色糖霜的挤压瓶填充窗户。让糖霜静置定型至少6小时或一整晚。

3 在台面上薄薄地撒上一层玉米淀粉，把黑色翻糖擀至2毫米厚，用圆形切模为每一片饼干切出2片翻糖圆片。

4 在台面上撒上一层玉米淀粉，把红色翻糖擀至2毫米厚，用美工刀沿停车标记模具为每一片饼干切出1片六角形。把所有的翻糖部件放在烤盘上，放置至少4小时或一整晚。

校园时光

5 把红色和黑色糖霜分别装进带2号裱花嘴的裱花袋。如图所示，浇饰细节部分：车灯、窗框、车侧、保险杠。

6 把2片翻糖圆片背面抹上糖霜，分别粘在两个车轮上。

7 把翻糖六角形背面抹上糖霜，粘在车前第二扇车窗下面。

8 把剩下的白色糖霜装进带1号裱花嘴的裱花袋，在六角形上浇饰"STOP"字样。把饼干晾干，食用前晾置至少6小时。

小贴士

装饰饼干时，我手边总是放一把尺子，这样我就可以画出很直的线来辅助我的浇饰操作。用美工刀或可食用记号笔画线，然后在上面用糖霜进行浇饰。

把暂时不用的翻糖用保鲜膜裹紧，因为翻糖很容易变干而无法使用。

花样小变化

如果不使用翻糖，可用黑色糖霜浇饰车轮，红色糖霜浇饰停车标记。在添加字母前，让红色糖霜完全凝固。

第四章 饼干之儿童篇

校园时光

A-B-C字母棒棒糖饼干

需要的原料和工具
- 一个配方的饼干面团（第36~46页）
- A、B、C字母饼干切模
- 一个配方的蛋白糖霜（第47页）
- 30个棒棒糖饼干棒
- 蓝色啫喱状色素
- 红色啫喱状色素
- 黄色啫喱状色素
- 3个挤压瓶

所需技巧
- 染色糖霜（第22页）
- 填充挤压瓶（第24页）
- 浇饰（第27页）
- 填充（第28页）

用字母棒棒糖饼干来教孩子学字母或简单的拼写，我想不出比这更有趣的方法了。记住，让孩子们和你一起装饰饼干。制作大约30块饼干。

> **准备工作**
>
> **烘焙饼干**：把面团擀好，用字母饼干切模压出造型。A、B、C字母的数量为偶数。把棒棒糖饼干棒穿过面团至字母高度的一半。根据配方指南烘烤。装饰前要完全冷却。
>
> **糖霜的着色及稀释**：把糖霜平均分至3个碗中，一份染成黑色，一份红色，一份蓝色。按"两步糖霜"（第24页）浓度标准稀释所有的糖霜，分别装入挤压瓶中。

1 用黄色糖霜浇饰、填充所有的A字母饼干。用蓝色糖霜浇饰、填充所有的B字母饼干。用红色糖霜浇饰、填充所有的C字母饼干。让糖霜静置定型至少6小时或一整晚。

2 用红色糖霜在A字母上浇饰十字网格图案，两个方向的线条都要间隔均匀。用黄色糖霜在B字母上浇饰斜线图案，线条要间隔均匀。用蓝色糖霜在C字母上浇饰水平线图案，然后在线条间点圆点。把饼干晾干，食用前晾置至少6小时。

5

第五章

饼干之派对篇

女孩狂欢夜
名牌牛仔裤.................186
黑色小连衣裙.................188
豹纹钱包.................190
豹纹浅口鞋.................192

婚宴
新娘.................193
新郎.................196
香槟酒杯.................198
婚礼蛋糕.................200
"新婚"小汽车.................203
用"L-O-V-E"表达你的爱....206

迎婴聚会
婴儿连体衣.................208
婴儿围兜.................210
婴儿方块.................212

龙虾烘焙
龙虾.................214
柠檬片.................216
西瓜.................217
玉米棒.................218
新鲜的樱桃派.................220
毛玻璃啤酒杯.................222

法兰西万岁
法国国旗.................224
埃菲尔铁塔.................226
自行车.................228
法国画家.................231
画家的调色板.................234
香槟酒瓶.................236

赌场之夜
扑克筹码.................238
大赢家的扑克牌.................240
幸运骰子.................242
粉红色的马提尼酒.................244
猫王.................246
"欢迎来到拉斯维加斯"标示牌...248

女孩狂欢夜

名牌牛仔裤

购买一条名牌牛仔裤不是一件容易的事。如果想找到自己理想的裤型、样式和颜色,至少需要试穿20条以上的裤子,你会感到非常疲惫(还有饥饿)!幸运的是,这些时尚的饼干会受到所有人的喜欢,也非常适合人们的口味。制作大约36块饼干。

需要的原料和工具

- 1个配方的饼干面团(第36~46页)
- 裤子饼干切模
- 1个配方的蛋白糖霜(第47页)
- 棕色啫喱状色素
- 橙色啫喱状色素
- 蓝色啫喱状色素
- 挤压瓶
- 4个一次性裱花袋
- 4个连接器
- 2个1号圆形裱花嘴
- 2个2号圆形裱花嘴
- 镊子
- 银色糖珠

所需技巧

- 染色糖霜(第22页)
- 填充挤压瓶(第24页)
- 浇饰(第27页)
- 填充(第28页)
- 填充裱花袋(第24页)
- 添加装饰品(第31页)

准备工作

烘焙饼干: 把面团擀好,用裤子饼干切模压出造型。根据配方指南烘烤。装饰前要完全冷却。

糖霜的着色及稀释: 两个碗中分别放入¾杯(175毫升)糖霜,一份染成棕色,另一份保持白色。两个碗中分别放入½杯(125毫升)糖霜,一份染成橙色,另一份染成蓝色。密封,放在一边备用。将剩余糖霜染成蓝色,按"两步糖霜"(第24页)浓度标准稀释,并装到挤压瓶中。

1 使用蓝色糖霜的挤压瓶,浇饰出牛仔裤轮廓。

2 使用蓝色糖霜填充裤子。让糖霜静置定型至少6小时或者一个晚上。

3 把白色和剩下的蓝色糖霜分别装到带1号圆形裱花嘴的裱花袋中。如图所示,用白色糖霜沿牛仔裤边缘浇饰裤子缝线。

4 沿拉链线添加白色缝线,并标示出前口袋的外缘。

女孩狂欢夜

5

把棕色和橙色糖霜装到带2号圆形裱花嘴的裱花袋中。使用棕色糖霜在每个饼干顶部浇饰一条腰带。

6

使用橙色糖霜，在每条腰带中央浇饰一个圆扣。

7

一次操作一个饼干，如图所示，使用蓝色糖霜的裱花袋来浇饰牛仔裤的口袋、腰带环和拉链襟翼等细节。

8

趁蓝色糖霜还没干的时候，使用镊子将银色糖珠放置在牛仔裤口袋的两端。所有的饼干都要重复第7～8步。饼干食用前至少晾置4小时。

小贴士

如果无法把所有的蓝色糖霜装入挤压瓶，那么密闭保存多余的糖霜，并根据需要重新填充到挤压瓶中。

添加银色糖珠等装饰时，用镊子操作会更容易。多购置一副镊子，和你的装饰工具一起放在顺手的地方。

花样小变动

如果要把牛仔裤装饰成展现后面，而不是前面，只需浇饰一个裤子后面的方形口袋的装饰性图案即可。

第五章 饼干之派对篇

女孩狂欢夜

黑色小连衣裙

每个女人的衣橱都需要一个完美的黑色小连衣裙，通过佩戴饰品，可以变成许多不同的服装穿搭。搭配一个翻糖豹纹腰带和优雅的珍珠，这个别致的黑色小连衣裙饼干在任何女朋友的聚会上都会大受欢迎！制作大约30块饼干。

需要的原料和工具

- 1个配方的饼干面团（第36~46页）
- 连衣裙饼干切模
- 1个配方的蛋白糖霜（第47页）
- 棕色啫喱状色素
- 黑色啫喱状色素
- 挤压瓶
- 玉米淀粉
- 小擀面杖
- 浅棕色翻糖
- 直尺
- 美工刀
- 2个一次性裱花袋
- 2个连接器
- 2个1号圆形裱花嘴
- 镊子
- 白色食用珍珠

所需技巧

- 染色糖霜（第22页）
- 填充挤压瓶（第24页）
- 浇饰（第27页）
- 填充（第28页）
- 使用翻糖（第30页）
- 填充裱花袋（第24页）
- 添加装饰品（第31页）

准备工作

烘焙饼干：把面团擀好，用连衣裙饼干切模压出饼干。根据配方指南烘烤。装饰前要完全冷却。

糖霜的着色及稀释：两个碗中分别放入½杯（125毫升）糖霜，一个碗里的染成浅棕色，另一个染成黑色。密封，放在一边备用。把剩余的糖霜染成黑色，按"两步糖霜"（第24页）浓度标准稀释，然后装到挤压瓶中。

1 使用装有黑色糖霜的挤压瓶，浇饰出连衣裙的轮廓。

2 用黑色糖霜填充连衣裙。让糖霜静置定型至少6小时或者一个晚上。

3 同时，在台面上撒一层薄薄的玉米淀粉，把一小块翻糖擀至2毫米的厚度。

4 借助直尺，使用美工刀切割出一个宽度为1厘米的翻糖条，它的长度足够为一个连衣裙安装腰线。为每个饼干做1个翻糖条。把翻糖条放到烤盘上晾干，放置至少4个小时或一个晚上。

女孩狂欢夜

5 把棕色和备用的黑色糖霜装入带1号圆形裱花嘴的裱花袋中。一次操作一个饼干,使用黑色糖霜围绕这件衣服的领子浇饰一个项链形状。

6 趁黑色糖霜还没干的时候,使用镊子在糖霜上面放置可食用珍珠,制作一条珍珠项链。所有饼干重复第5~6步。

7 每个翻糖条的背面蘸少量的糖霜,将翻糖条粘到每件衣服的腰线上。

8 使用黑色和棕色糖霜在腰带上浇饰豹纹,第27页的图片可用作指南。把饼干晾干,食用前晾置至少3小时。

小贴士

如果所有的黑色糖霜无法装入挤压瓶,密封保存多余的糖霜,并根据需要重新填充到挤压瓶中。

擀制好翻糖,晾置大约15分钟(但不应超过这个时间),然后切割出各种形状。这样翻糖可以硬实些,更容易切割。

借助直尺切割翻糖带,可以更容易切割成直线。

如果没有美工刀,可用锋利的削皮刀替代。

如果不用可食用珍珠,可以在每件衣服上使用带1号裱花嘴裱花袋中的白色糖霜浇饰一个珍珠项链。

第五章 饼干之派对篇

女孩狂欢夜

豹纹钱包

将这个别致的钱包与小黑色连衣裙(第188页)和豹纹浅口鞋（第192页）搭配，形成一个完整的时尚组合。为邻家女孩聚会或者为刚出道的时尚人士的生日聚会制作一整套吧！制作大约36块饼干。

需要的原料和工具

- 1个配方的饼干面团（第36~46页）
- 钱包饼干切模
- 1个配方的蛋白糖霜（第47页）
- 棕色啫喱状色素
- 黑色啫喱状色素
- 挤压瓶
- 2个一次性裱花袋
- 2个连接器
- 2号圆形裱花嘴
- 金色亮粉
- 1号圆形裱花嘴

所需技巧

- 染色糖霜（第22页）
- 填充挤压瓶（第24页）
- 浇饰（第27页）
- 填充（第28页）
- 填充裱花袋（第24页）
- 添加闪光装饰品（第28页）

准备工作

烘焙饼干： 把面团擀好，用钱包饼干切模压出造型。根据配方指南烘烤。装饰前要完全冷却。

糖霜的着色及稀释： 一个碗中放入1¼杯（300毫升）的糖霜，将它染成深棕色。另一个碗中放入¾杯（175毫升）的糖霜，将它染成黑色，密封后放到一边备用。将剩余的糖霜染成浅棕色，按"两步糖霜"（第24页）浓度标准稀释，然后装到挤压瓶中。

1 使用浅棕色糖霜，浇饰每个钱包袋子的轮廓并填充。糖霜静置定型至少6小时或一个晚上。

2 把深棕色糖霜装入带2号裱花嘴的裱花袋中。一次操作一个饼干，在袋子左上角和右上角部位分别浇饰1个小圆环。

3 在钱包的中心浇饰1个扣件。

4 在钱包左下角和右下角分别浇饰3个小点。

女孩狂欢夜

5

趁深棕色糖霜还没干的时候，将金色亮粉撒到圆环、扣件及小点上，抖去多余的。所有饼干都重复第2~5步的操作。

6

使用深棕色糖霜，沿钱包的袋子部分浇饰边框，浇饰1条稍弯曲的线，水平穿过钱包中心，刚好在扣件下面，来表示翻盖部分。

7

从一个"金属"圆环上面到另一圆环浇饰1个钱包皮带。

8

把黑色糖霜装入带1号裱花嘴的裱花袋中。使用黑色和深棕色糖霜在钱包上浇饰豹纹，第27页挤豹纹的图片可用作指南。把饼干晾干，食用前晾置至少6小时。

小贴士

如果所有的浅棕色糖霜无法都装入挤压瓶，密闭保存多余的糖霜，并根据需要重新填充到挤压瓶中。

如果抖动后仍有多余的亮粉黏附到饼干上，不要担心。等糖霜完全干燥后，轻轻地用小号食品刷或者棉签刷掉多余的亮粉。

如果你的豹纹版本看上去与我做的不同，不要担心。你可能需要在烤盘纸上练习制作豹纹，然后将它应用到饼干上。

女孩狂欢夜

豹纹浅口鞋

这些时髦的浅口鞋的红色鞋底增添了意想不到的流行色。将它与小黑连衣裙（第188页）和豹纹钱包（第190页）搭配，组成一套完整的服装！制作大约28块饼干。

需要的原料和工具

- 1个配方的饼干面团（第36~46页）
- 高跟鞋饼干切模
- 1个配方的蛋白糖霜（第47页）
- 乳白色啫喱状色素
- 黑色啫喱状色素
- 红色啫喱状色素
- 棕色啫喱状色素
- 3个一次性裱花袋
- 3个连接器
- 2个1号圆形裱花嘴
- 2个2号圆形裱花嘴
- 2个挤压瓶

所需技巧

- 染色糖霜（第22页）
- 填充裱花袋（第24页）
- 填充挤压瓶（第24页）
- 浇饰（第27页）
- 填充（第28页）

花样小变动

可以按你最喜欢的样式自定义设计这些鞋子，无论它们是否覆盖闪闪发光的红色亮片或者拥有光滑的黑色漆皮，都别有一番情趣。

<hr />

准备工作

烘焙饼干： 把面团擀好，用高跟鞋饼干切模压出造型。根据配方指南烘烤。装饰前要完全冷却。

糖霜的着色及稀释： 两个碗中分别放入1杯（250毫升）糖霜，一份染成乳白色，另一份染成黑色。另外两个碗中各放¾杯（175毫升）糖霜，一份染成红色，另一份染成深棕色。把深棕色糖霜装入带1号圆形裱花嘴的裱花袋中，将黑色糖霜和红色糖霜分别装入带2号圆形裱花嘴的裱花袋中。将余下的糖霜染色为浅棕色，按"两步糖霜"（第24页）浓度标准稀释乳白色和浅棕色糖霜，分别装到挤压瓶中。

<hr />

1 使用黑色糖霜，如图所示，浇饰鞋的轮廓，用红色糖霜浇饰前掌和鞋跟里面。

2 使用浅棕色糖霜填充鞋的外部，使用乳白色糖霜填充鞋的内部。糖霜静置定型至少6小时或一个晚上。

3 将黑色糖霜的裱花嘴换成1号裱花嘴，在鞋和鞋跟的外部，使用黑色和深棕色糖霜浇饰豹纹，第27页的挤豹纹图片可用作指南。把饼干晾干，食用前晾置至少6个小时。

新娘

无论她是一位告别单身仪式上的准新娘还是结婚宴会上的新婚娘子,保证她绝对崇拜这些甜蜜的设计。你甚至可以把这个饼干与新郎饼干(第196页)配对,做成婚礼蛋糕上独特订制的上层装饰!**制作大约30块饼干。**

婚宴

需要的原料和工具

- 1个配方的饼干面团(第36~46页)
- 姜饼女孩饼干切模
- 1个配方的蛋白糖霜(第47页)
- 棕色啫喱状色素
- 绿色啫喱状色素
- 黑色啫喱状色素
- 红色啫喱状色素
- 挤压瓶
- 玉米淀粉
- 小擀面杖
- 粉红色翻糖
- 小号食品刷
- 白色金属光泽亮粉
- 白色砂糖
- 4个一次性裱花袋
- 4个连接器
- 2号圆形裱花嘴
- 3个1号圆形裱花嘴
- 棕色翻糖
- 镊子
- 白色食用珍珠

所需技巧

- 染色糖霜(第22页)
- 填充挤压瓶(第24页)
- 浇饰(第27页)
- 填充(第28页)
- 使用翻糖(第30页)
- 添加闪光装饰品(第28页)
- 填充裱花袋(第24页)
- 添加装饰品(第31页)

准备工作

烘焙饼干: 把面团擀好,用姜饼女孩饼干切模压出造型。根据配方指南烘烤。装饰前要完全冷却。

糖霜的着色及稀释: 一个碗中放入1杯(250毫升)糖霜,染成棕色。另外一个碗中放入¾杯(175毫升)糖霜,染成绿色。另外两个碗中各放½杯(125毫升)糖霜,一份染成黑色,另一份染成红色。密封,放到一边备用。将余下的白色糖霜按"两步糖霜"(第24页)浓度标准稀释,装到挤压瓶中。

1 如图所示,使用白色糖霜,浇饰和填充每个新娘的婚纱,包括肩带。

2 浇饰每个新娘的鞋子轮廓并填充。糖霜静置定型至少6小时或一个晚上。

3 同时,在台面上铺上一层薄薄的玉米淀粉,把一小块粉红色翻糖擀至3毫米的厚度,使用花朵切模为每个饼干切出7个或8个花朵。将花朵放在烤盘上晾干,放置至少4小时或一个晚上。

4 使用小号食品刷,在每件衣服上轻轻地刷上金属光泽亮粉。

婚宴

小贴士

　　饼干新娘的头发颜色可与现实新娘的头发颜色匹配。如果新娘有金黄色或红色的头发，你将需要额外的裱花袋，无论何种头发颜色，所有饼干都可以用棕色和黑色。可以通过混合棕色和红色色素制作红色或赤褐色头发。

　　如果抖动后仍有多余的砂糖黏附到饼干上，不要担心。可以等到糖霜完全干燥后，用小号食品刷或者棉签轻轻地刷掉多余的砂糖。

　　翻糖染色时一定要戴上一次性乳胶手套，这样啫喱状色素不会弄脏你的手。

　　把暂时不用的翻糖用保鲜膜紧紧地裹住，因为翻糖很容易变干从而无法使用。

　　添加可食用珍珠等装饰时，用镊子操作会更容易。多购置一副镊子，和你的装饰工具一起放在顺手的地方。

5 一次操作一个饼干，使用白色糖霜在每件衣服底部浇饰2条边框线，腰部浇饰1条线。

6 趁白色糖霜还没干的时候，将砂糖撒到线上，抖去多余的。所有饼干都重复第5~6步。

7 把棕色糖霜装入带2号裱花嘴的裱花袋中，浇饰每个新娘的头发。首先勾画出头发形状，然后浇饰线条，来模仿头发的纹理。

8 把一块棕色翻糖加工成理想的形状来制作每个新娘的发髻，压扁发髻的背面，使它可以平放。

9 用糖霜轻轻涂抹发髻的底部，将它粘到新娘的头顶上。

10 使用棕色的糖霜，沿发髻浇饰出轮廓，然后在发髻内部浇饰线条来模仿头发的纹理。使用镊子在每颗可食用珍珠背面轻轻涂抹糖霜，在发髻与头顶连接处放置一排可食用珍珠。

婚宴

11 将可食用珍珠沿领口放置形成一个项链，在发际线下两侧各放置1个珍珠来制作耳环。

12 把黑色、红色和绿色糖霜分别装入带1号裱花嘴的裱花袋中。用黑色糖霜浇饰每个新娘的眼睛和眉毛，用棕色糖霜浇饰鼻子，用红色糖霜浇饰笑容。

花样小变动

如果不制作翻糖花，可用粉红色糖霜和装有1号裱花嘴的裱花袋手工浇饰花朵。

婚礼上制作伴娘饼干会让人倍感惊喜！衣服的颜色可以匹配伴娘礼服，并制作相匹配的头发颜色。

13 将翻糖花朵成束放置到一只手上，用少量糖霜粘住，在每一朵花的中心浇饰1个白点。

14 使用绿色糖霜浇饰每一朵花的花茎。小心地将饼干转移到一个平面上（以防翻糖发髻粘到新娘的头上），晾置至少8小时或一个晚上。

第五章 饼干之派对篇

婚宴

新郎

这是一个衣着得体的新郎，佩戴红色的胸花，穿着锃亮的皮鞋！将这些准新郎与害羞的新娘（第193页）搭配，并打包作为令人难忘的礼物送给参加婚礼的幸运客人（第33页）！**制作大约30块饼干。**

需要的原料和工具

- 1个配方的饼干面团（第36~46页）
- 姜饼男孩饼干切模
- 1个配方的蛋白糖霜（第47页）
- 棕色啫喱状色素
- 黑色啫喱状色素
- 红色啫喱状色素
- 粉红色啫喱状色素
- 2个挤压瓶
- 小号食品刷
- 黑色或银色金属光泽亮粉
- 4个一次性裱花袋
- 4个连接器
- 2号圆形裱花嘴
- 3个1号圆形裱花嘴

所需技巧

- 染色糖霜（第22页）
- 填充挤压瓶（第24页）
- 浇饰（第27页）
- 填充（第28页）
- 添加闪光装饰品（第28页）
- 填充裱花袋（第24页）

准备工作

烘焙饼干： 把面团擀好，用姜饼男孩饼干切模压出造型。根据配方指南烘烤。装饰前要完全冷却。

糖霜的着色及稀释： 一个碗中放入1杯（250毫升）糖霜，染成棕色。另外一个碗中放入¾杯（175毫升）糖霜，染成黑色。另外两个碗中各放¼杯（60毫升）糖霜，一份染成红色，另一份染成粉红色。把所有的碗密封，放到一边备用。一个碗中放入1杯（250毫升）糖霜，保持白色。将剩余的糖霜染成黑色，按"两步糖霜"（第24页）浓度标准稀释黑色和白色糖霜，然后分别装到挤压瓶中。

1 使用黑色糖霜的挤压瓶，浇饰每个新郎的燕尾服夹克和裤子并填充，为白衬衫和白色的袖口留出空间。

2 浇饰每个新郎的鞋轮廓并填充。

3 使用白色糖霜，浇饰每个新郎的衬衫和袖口并填充。糖霜静置定型至少6小时或一个晚上。

4 使用小号食品刷，为每个新郎的鞋轻轻刷上金属光泽亮粉，使它们光泽闪亮。

5 把棕色糖霜装入带2号裱花嘴的裱花袋中，浇饰每个新郎的头发。首先勾画出头发的形状，然后浇饰线条，来模仿头发的纹理。

6 把黑色、红色和粉红色的糖霜分别装入带1号裱花嘴的裱花袋中。使用黑色糖霜沿燕尾服夹克和裤子边缘浇饰边框，添加包括腰带、翻领、领结、衬衫纽扣、袖口纽扣和鞋带的小配饰，浇饰眼睛和眉毛。

7 使用棕色糖霜浇饰新郎的鼻子，用粉红色糖霜浇饰新郎的嘴。

8 使用红色糖霜，在每个新郎的翻领上浇饰一朵小花。把饼干晾干，食用前至少晾置6小时。

婚宴

小贴士

饼干新郎头发的颜色可与现实新郎头发的颜色匹配。如果新郎有金黄色或红色的头发，你将需要额外的裱花袋，无论何种头发颜色，所有饼干中都会使用棕色和黑色。通过混合棕色和红色色素来制作红色或赤褐色头发。

使用亮粉时，确保所使用的食品刷干燥，否则亮粉会凝结，而不是轻薄均匀地覆盖在饼干表面上。

花样小变动

可以用一个白色条纹设计来装饰裤子，为新郎的礼服添加更多的魅力。使用装有1号裱花嘴的裱花袋制作白色细竖纹。

婚宴

香槟酒杯

把这些多泡的香槟酒杯与传统烤面包一起供应给客人，或者用系着简单丝带的玻璃纸礼品袋包装起来作为客人带回家的一个特殊礼物，这将让聚会变得非常完美。你还可以在庆祝的场合将它们与香槟酒瓶（第236页）搭配！制作大约30块饼干。

需要的原料和工具

- 1个配方的饼干面团（第36~46页）
- 香槟酒杯饼干切模
- 1个配方的蛋白糖霜（第47页）
- 黑色啫喱状色素
- 一次性裱花袋
- 连接器
- 2号圆形裱花嘴
- 2个挤压瓶
- 银色金属光泽亮粉
- 伏特加或柠檬汁
- 2个小号食品刷
- 金色金属光泽亮粉
- 白色食用珍珠
- 镊子

所需技巧

- 染色糖霜（第22页）
- 填充裱花袋（第24页）
- 填充挤压瓶（第24页）
- 浇饰（第27页）
- 填充（第28页）
- 添加闪光装饰品（第28页）
- 添加装饰品（第31页）

准备工作

烘焙饼干：把面团擀好，用香槟酒杯饼干切模压出造型。根据配方指南烘烤。装饰前要完全冷却。

糖霜的着色及稀释：将糖霜平均放到三个碗中，两份染成浅灰色（见小贴士），另一份保持白色。把一份浅灰色的糖霜装入带2号裱花嘴的裱花袋中。按"两步糖霜"（第24页）浓度标准稀释白色和剩余的浅灰色糖霜，然后分别装到挤压瓶中。

1 使用装有浅灰色糖霜的裱花袋，浇饰每个香槟杯的杯身，并添加一个圆形框。

2 使用装有浅灰色糖霜的挤压瓶，浇饰每个香槟杯的杯脚并填充。然后晾置10分钟。

3 使用装有浅灰色的挤压瓶，为每个香槟杯的杯脚浇饰线条，如图所示。

4 使用白色糖霜，浇饰和填充每个杯子的"香槟"部分，香槟顶部和杯子边缘之间预留一个小空间。糖霜静置定型至少6小时或一个晚上。

5 在一个小碗里放约½茶匙（2毫升）的银色金属光泽亮粉，添加几滴伏特加，使用食品刷充分混合，不要过稀。使用食品刷将金属光泽亮粉涂到每个香槟杯的杯脚、边缘和框上。

6 使用干燥的食品刷，在白色糖霜上轻轻地刷上一层金色金属光泽亮粉。

7 然后使用镊子，将糖霜轻涂在白色食用珍珠的背面，把它作为一个气泡放在香槟杯的底部。

8 继续添加食用珍珠气泡，一直到杯子顶部，如图所示。把饼干晾干，食用前晾置至少6小时。

婚宴

小贴士

为了将糖霜染成浅灰色，一次使用少许黑色啫喱状色素，直到你获得所需的色彩。

伏特加是混合金属光泽亮粉从而获得金属质感的最佳选择，因为它蒸发快，也不会改变糖霜的口味。但如果你不喜欢使用白酒，柠檬汁是一个不错的替代品。

当用金属光泽亮粉装饰香槟杯时，请一定使用干燥的食品刷，否则金属光泽亮粉会结块，而不是均匀、薄薄地覆盖在表面上。

花样小变动

如果不使用金属光泽亮粉来获得金属质感，你可以使用金色亮粉或银色亮粉让杯子色泽光亮。应在糖霜未干时使用亮粉，然后抖去多余的粉末。

第五章 饼干之派对篇

婚宴

婚礼蛋糕

这些优雅的饼干注定会使这个特殊的日子更加特别！虽然设计看起来很复杂，实际上在婚礼蛋糕纹理印模（请参阅小贴士）的帮助下很容易制作。如果你没有这些印模，仍然可以做出美丽的饼干(见第202页的花样小变动)。制作大约30块饼干。

> **准备工作**
> 烘焙饼干：把面团擀好，用婚礼蛋糕饼干切模压出造型。根据配方指南烘烤。装饰前要完全冷却。

需要的原料和工具

- 1个配方的饼干面团（第36～46页）
- 分层的婚礼蛋糕饼干切模
- 玉米淀粉
- 小擀面杖
- 深粉红色翻糖
- 白色翻糖
- 浅粉红色翻糖
- 婚礼蛋糕纹理印模
- 防粘烹饪喷雾剂
- 美工刀
- 抹刀
- 1个配方的蛋白糖霜（第47页）
- 小号食品刷
- 粉红色金属光泽亮粉
- 银色或白色金属光泽亮粉
- 一次性裱花袋
- 连接器
- 1号圆形裱花嘴
- 镊子
- 白色食用珍珠

所需技巧

- 使用翻糖（第30页）
- 使用美工刀（第31页）
- 填充裱花袋（第24页）
- 浇饰（第27页）
- 添加装饰品（第31页）

1 在台面上，撒一层薄薄的玉米淀粉，把深粉红色翻糖擀至3毫米厚。把不粘烹饪喷雾剂轻轻喷到婚礼蛋糕纹理印模上。将纹理印模放在翻糖上，用擀面杖轻轻地擀过印模，这样图案就印到了翻糖上。

2 小心地剥离纹理印模，使用美工刀修剪翻糖，使它适合蛋糕最底层的大小。重复该操作，为每个饼干制作1个底部。

3 使用白色翻糖和纹理印模的中间部分制作蛋糕的中间层，重复第1～2步。为每个饼干制作1个中间层。

4 使用浅粉红色翻糖和纹理印模的顶部制作蛋糕的顶层，重复第1～2步。为每个饼干制作1个顶层。

5 一次操作一个饼干，使用抹刀在饼干上抹上一层薄薄的糖霜。

6 小心地在饼干上放一个底层、一个中间层和一个顶层翻糖，尽可能摆放得工整些。剩余的饼干重复第5~6步的操作。

7 使用小号食品刷，轻轻地用粉红色的金属光泽亮粉刷粉红色翻糖。

8 用银色或白色金属光泽亮粉轻轻刷白色翻糖。

9 将剩余糖霜装入1号裱花嘴的裱花袋中。一次操作一个饼干，沿每个蛋糕的下边框浇饰1条直线。

10 趁糖霜未干时，使用镊子沿边框处放置1串可食用珍珠。

婚宴

小贴士

纹理印模可让你将图案印到翻糖上，只需要使用擀面杖轻柔按压即可，就会形成一个优雅而令人印象深刻的表面纹理。你可以在货物齐全的手工艺品商店烘焙货品区找到这些纹理印模，或者查找"来源指南"（见第253页）来寻找其他的供应商。

染色翻糖时一定要戴上一次性乳胶手套，这样色素不会弄脏你的手。

将暂时不用的翻糖用保鲜膜包紧，否则它会很快变干，从而无法使用。

擀制好翻糖，晾置大约15分钟（但不应超过这个时间），然后切出各种形状。这样会让它更加硬实一点，更容易切割。

如果你没有美工刀，可以用锋利的小刀来代替。

婚宴

小贴士

添加可食用珍珠等装饰时，用镊子操作会更容易。多购置一副镊子，和你的装饰工具一起放在顺手的地方。

花样小变动

没有纹理印模？没关系！制作这些饼干有无限的可能。如果能从烘焙房那儿得到新娘和新郎蛋糕的图片，你可以将它作为制作饼干的灵感，并使用基本的浇饰和填充技术来模仿制作。你还可以用糖珠和金属光泽亮粉装饰晾干的糖霜。

11 沿中间蛋糕层底部浇饰1条直线，然后放置1串可食用珍珠。

12 沿顶部蛋糕层底部浇饰1条直线，然后放置1串可食用珍珠。

13 在中间层交错线的交汇点浇饰小圆点。

14 在每个糖霜圆点处放置1粒可食用珍珠，以便可以有一个漂亮整齐的图案。所有饼干重复第9~14步。把饼干晾干，食用前晾置至少6小时。

"新婚"小汽车

用一个特殊的待遇为参加婚礼的客人送行。这些造型独特的小汽车饼干,以及迎风招展的翻糖横幅,是开车回家途中最想吃的甜点。制作大约30块饼干。

婚宴

需要的原料和工具
- 1个配方的饼干面团(第36~46页)
- 汽车饼干切模
- 1个配方的蛋白糖霜(第47页)
- 黑色、红色、蓝色和粉红色啫喱状色素
- 4个一次性裱花袋
- 4个连接器
- 3个2号圆形裱花嘴
- 1号圆形裱花嘴
- 3个挤压瓶
- 美工刀
- 2个小号圆形切模,一个稍小,一个稍大
- 玉米淀粉
- 小擀面杖
- 白色翻糖
- "新婚"旗帜模板(第251页)
- 小号食品刷
- 红色或粉红色金属光泽亮粉
- 红色或银色亮粉(可选)

所需技巧
- 染色糖霜(第22页)
- 填充裱花袋(第24页)
- 填充挤压瓶(第24页)
- 使用美工刀(第31页)
- 浇饰(第27页)
- 填充(第28页)
- 使用翻糖(第30页)
- 使用模板(第32页)
- 添加闪光装饰品(第28页)

准备工作

烘焙饼干: 把面团擀好,用汽车饼干切模压出造型。根据配方指南烘烤。装饰前要完全冷却。

糖霜的着色及稀释: 在一个碗里放1¼杯(300毫升)糖霜,将它染成黑色。在两个碗中分别放入1杯(250毫升)糖霜,一份染成红色,另一份保持白色。在另外两个碗中分别放入½杯(125毫升)糖霜,一份染成蓝色,另一份染成粉红色。将红色、蓝色和粉红色糖霜分别装入2号圆形裱花嘴的裱花袋中。把½杯(125毫升)黑色糖霜装入带1号圆形裱花嘴的裱花袋中。将剩余的糖霜染成红色。将红色、白色和剩余的黑色糖霜,按"两步糖霜"(第24页)浓度标准稀释,然后分别装到挤压瓶中。

1 利用美工刀,轻轻地沿较大的圆形切模外围划一圈痕迹(见第204页小贴士)来表示每个车的前轮轮廓。重复上述步骤制作后轮。

2 使用黑色糖霜挤压瓶浇饰并填充车轮,利用标出的轮廓痕迹作为指导。

3 使用红色糖霜挤压瓶浇饰并填充汽车,为前窗和后窗留出空间。

4 一次操作一个饼干,使用白色糖霜填充车窗。

婚宴

小贴士

如果车轮是完美的圆形，这些饼干看起来会更精致。选择一个与你理想的车轮尺寸大小相当的较大圆形切模。

如果已经把糖霜填充到了裱花袋中，但一段时间不使用，你可以把它直立放置在一个高的饮水杯中。

如果没有美工刀，你可以在步骤1用可食用记号笔来制作轮廓，在步骤7中使用削皮刀来切模板。

将暂时不用的糖霜用保鲜膜包紧，以防它很快干燥，以致无法使用。

使用金属光泽亮粉时，请确保所使用的食品刷是干的，否则，金属光泽亮粉会结块而无法在表面上形成薄薄的、均匀的一层。

5 趁白色糖霜还未干时，在每个车窗上用蓝色糖霜浇饰小的强调线。所有饼干重复第4~5步。让糖霜静置定型至少6小时或者一个晚上。

6 同时，台面上薄薄地撒一层玉米淀粉，擀平翻糖，厚度为3毫米。使用较小的圆形切模为每辆车切2个圆片。

7 使用美工刀和"新婚"旗帜模板，为每辆车切割出1个旗帜。

8 使用黑色糖霜裱花袋，在每一面旗帜上浇饰"Just Married"。将翻糖车轮和旗帜放在烤盘上，晾置至少4小时或一个晚上。

9 使用小号食品刷，用金属光泽亮粉轻轻地刷每辆车。

10 使用红色糖霜裱花袋，浇饰每辆车和车窗的轮廓，浇饰1个门把手和前后保险杠。

11 如果需要，趁红色糖霜还未干时，用金属光泽亮粉撒在后保险杠上，抖掉多余的。

12 使用粉红色糖霜，在每辆车的侧面浇饰些小的心形图案。

13 用糖霜轻涂每个翻糖圆片的背面，将它们粘贴到车轮的中心。

14 使用少量糖霜将标语粘贴到每辆车的后面。把饼干晾干，食用前晾置至少6小时。

婚宴

小贴士

如果抖动后仍有多余的亮粉黏附到饼干上，不要担心。等糖霜完全干燥后，然后轻轻地用小号食品刷或棉签刷掉多余的亮粉。

花样小变动

使用这些切模为生日晚会制作赛车棒棒糖甜饼干（关于怎样制作棒棒糖甜饼干的更多信息，请参阅184页）。省略心形图案和"新婚"旗帜，在汽车的中心浇饰一个数字（如过生日男孩的年龄），然后将砂糖撒到湿糖霜上，抖掉多余的，会显得格外的闪亮。

第五章　饼干之派对篇　205

婚宴

用"L-O-V-E"表达你的爱

这些各种颜色的饼干很好地展示了如何把一个普通的长方形变成一个特别吸引眼球的精美待客食品。这些饼干尤其适合婚礼甜点宴席、浪漫情人节晚餐或者其他你想给心上人传达特殊信息的场合。制作大约30块饼干。

需要的原料和工具

- 1个配方的饼干面团（第36～46页）
- 长方形饼干切模
- 1个配方的蛋白糖霜（第47页）
- 红色啫喱状色素
- 紫色啫喱状色素
- 粉红色啫喱状色素
- 一次性裱花袋
- 连接器
- 2号圆形裱花嘴
- 4个挤压瓶
- 可食用记号笔
- 红色亮粉

所需技巧

- 染色糖霜（第22页）
- 填充裱花袋（第24页）
- 浇饰（第27页）
- 填充（第28页）
- 添加闪光装饰品（第28页）

准备工作

烘焙饼干： 把面团擀好，用长方形饼干切模压出造型。根据配方指南烘烤。装饰前要完全冷却。

糖霜的着色及稀释： 将糖霜平均放到四个碗中，一份染成红色，一份染成紫色，一份染成粉红色，一份保持白色。把¼杯（60毫升）红色的糖霜装入带2号裱花嘴的裱花袋中。将紫色、粉红色、白色和剩余的红色糖霜，按"两步糖霜"（第24页）浓度标准稀释，然后分别装到挤压瓶中。

1 使用白色糖霜，浇饰并填充长方形。糖霜静置定型至少6小时或一个晚上。

2 使用可食用记号笔，在每个饼干上写大大的"L-O-V-E"装饰字，需要的话，可以把"O"替换为一个心的形状。

3 一次操作一个饼干，用红色糖霜挤压瓶来勾画出"O"（或者心形状），充分填充，使这个字母足够突出，形成纹理。

4 趁红色糖霜还未干时，在"O"上撒亮粉，抖掉多余的。所有的饼干都重复第3～4步。

婚宴

5 用粉红色糖霜浇饰并充分填充每个"L"字母。

6 用紫色糖霜浇饰并充分填充每个"V"字母。

7 用红色糖霜浇饰并充分填充每个"E"字母。

8 使用红色糖霜裱花袋,在每个小饼干的剩余空间内浇饰几个小的心形图案,在其他空白处浇饰不同大小的粉红色和紫色的圆点。把饼干晾干,食用前晾置至少6小时。

小贴士

在手工制作用品商店的烘烤区或货源丰富的杂货店的烘烤区中寻找可食用记号笔。

别过于强求"完美"的字母。不匹配的间距和大小可以使这些饼干充满更多乐趣和想象!

花样小变动

你可以使用红色砂糖代替亮粉,也可以更改字母的颜色来搭配婚礼颜色。

第五章 饼干之派对篇

迎婴聚会

婴儿连体衣

你可以制作这些饼干，以适合任何迎婴聚会的主题或颜色，它们总会给人留下深刻的印象。以一个甜美小鸭为特色的这一小变动，就是一个很好的用翻糖实践的方法。制作大约30块饼干。

需要的原料和工具

- 1个配方的饼干面团（第36~46页）
- 婴儿连体衣饼干切模
- 1个配方的蛋白糖霜（第47页）
- 黑色啫喱状色素
- 绿色啫喱状色素
- 2个挤压瓶
- 黄色翻糖
- 橙色翻糖
- 镊子（可选）
- 白色食用珍珠（可选）
- 一次性裱花袋
- 连接器
- 1号圆形裱花嘴

所需技巧

- 染色糖霜（第22页）
- 填充挤压瓶（第24页）
- 填充（第28页）
- 使用翻糖（第30页）
- 添加装饰品（第31页）
- 填充裱花袋（第24页）

准备工作

烘焙饼干： 把面团擀好，用连体衣饼干切模压出造型。根据配方指南烘烤。装饰前要完全冷却。

糖霜的着色及稀释： 将¼杯糖霜（60毫升）放一个碗中，将它染成黑色，密封好，放在一边备用。将1杯糖霜（250毫升）放入一个碗中，不需要染色。余下的糖霜染成浅绿色，按"两步糖霜"（第24页）浓度标准稀释白色和浅绿色糖霜，然后分别装入挤压瓶中。

1 使用浅绿色糖霜，浇饰连体衣轮廓并填充，为袖子留出空间。使用白色糖霜，浇饰袖子轮廓并填充。糖霜静置定型至少6小时或一个晚上。

2 同时，使用黄色翻糖制作小鸭装饰。擀制一个小球和一个大球分别作为小鸭的头部和身体，捏压身体尾部制作一条尾巴，压平头部和身体，这样粘贴的时候小鸭就会平躺在连体衣上。

3 用一个小三角形的橙色翻糖制作一个鸭喙，使用少量的水或糖霜把喙连接到头上，把头连接到身体上，适当挤压让它连接牢固。重复第2~3步，为每个连体衣制作1个小鸭。把小鸭放于烤盘中，至少晾置3个小时或一个晚上。

4 使用浅绿色的糖霜，浇饰连体衣的腿部细节装饰。

迎婴聚会

5 使用白色糖霜，浇饰连体衣的衣领。

6 如果喜欢，把可食用珍珠粘到衣领中心和每个连体衣的底部作为纽扣，需要的话可以使用少量糖霜粘贴。

7 用糖霜轻涂每个翻糖小鸭的背面，将小鸭粘贴到每个连体衣上。

8 把黑色糖霜装入带1号圆形裱花嘴的裱花袋中，为每只小鸭浇饰1只小眼睛。把饼干晾干，食用前晾置至少6小时。

小贴士

如果无法把所有的浅绿色糖霜装入挤压瓶，那么密封保存多余的糖霜，并根据需要再填充到挤压瓶中。

当翻糖染色时一定要戴上一次性乳胶手套，这样啫喱状色素就不会弄脏你的手。

把暂时不用的翻糖用保鲜膜包紧，放到一边，以免它很快变干，以至于无法使用。

在大多数货源充足的杂货店的烘焙区或工艺品商店中，都可以找到可食用珍珠。

迎婴聚会

婴儿围兜

在专门的迎婴聚会的饼干盘中，这些甜美的婴儿围兜是婴儿连体衣饼干（第208页）和婴儿方块饼干（第212页）可爱的搭配。围兜的颜色可以与迎婴聚会的颜色方案搭配。它的设计相当简单，非常适合任何刚刚开始学习制作饼干的人。制作大约36块饼干。

需要的原料和工具

- 1个配方的饼干面团（第36~46页）
- 婴儿围兜饼干切模
- 1个配方的蛋白糖霜（第47页）
- 粉红色啫喱状色素
- 绿色啫喱状色素
- 紫色啫喱状色素
- 黄色啫喱状色素
- 挤压瓶
- 3个一次性裱花袋
- 3个连接器
- 3个2号圆形裱花嘴

所需技巧

- 染色糖霜（第22页）
- 填充挤压瓶（第24页）
- 浇饰（第27页）
- 填充（第28页）
- 填充裱花袋（第24页）

准备工作

烘焙饼干： 把面团擀好，用婴儿围兜饼干切模压出造型。根据配方指南烘烤。装饰前要完全冷却。

糖霜的着色及稀释： 在一个碗里放置1杯（250毫升）糖霜，把它染成粉红色。在两个碗中分别放入¾杯（175毫升）糖霜，一份染成浅绿色，一份染成紫色。密封好所有碗，放在一边备用。把剩余的糖霜染成黄色，按"两步糖霜"（第24页）浓度标准稀释，然后装到挤压瓶中。

1 使用黄色糖霜，浇饰围兜的轮廓。

2 用黄色糖霜为围兜填充。静置定型至少6小时或一个晚上。

3 把粉红色、浅绿色和紫色的糖霜装入带2号圆形裱花嘴的裱花袋中。使用紫色糖霜在每一个围兜的中心浇饰一个字母"B"。

4 用浅绿色糖霜，在"B"的左侧略高的位置浇饰一个小字母"A"。

迎婴聚会

5

用粉红色糖霜,在"B"的右侧略高的位置浇饰一个小字母"C"。

6

用粉红色的糖霜,在围兜空白位置浇饰几个分散的装饰圆点。

7

继续用浅绿色和紫色糖霜添加装饰圆点,每一个围兜上制作的图案都非常吸引人。

8

用粉红色糖霜,沿围兜一周浇饰1个边框。把饼干晾干,食用前至少晾置4小时。

小贴士

如果无法把所有的黄色糖霜装入挤压瓶,那么密封保存多余的糖霜,并根据需要填充到挤压瓶中。

大多手工制作用品商店都有玻璃纸礼品袋,非常适合包装礼品饼干和聚会饼干。可以用丝带系住礼品袋。

花样小变动

如果不用"ABC"图案,可以用匹配婴儿连体衣(第208页)的图案。

第五章 饼干之派对篇

迎婴聚会

婴儿方块

虽然这些方块的设计相当简单，但它们仍会引起参加迎婴聚会客人崇拜的"惊叹声"和"赞美声"。制作大约36块饼干。

需要的原料和工具

- 1个配方的饼干面团（第36~46页）
- 方块饼干切模
- 1个配方的蛋白糖霜（第47页）
- 粉红色啫喱状色素
- 黄色啫喱状色素
- 蓝色啫喱状色素
- 3个挤压瓶
- 直尺
- 美工刀或可食用记号笔
- 一次性裱花袋
- 连接器
- 2号圆形裱花嘴

所需技巧

- 染色糖霜（第22页）
- 填充挤压瓶（第24页）
- 使用美工刀（第31页）
- 浇饰（第27页）
- 填充裱花袋（第24页）

> **准备工作**
>
> **烘焙饼干：** 把面团擀好，用方块饼干切模压出造型。根据配方指南烘烤。装饰前要完全冷却。
>
> **糖霜的着色及稀释：** 把糖霜平均放到三个碗里，把其中一份染成浅粉红色，一份染成浅黄色，一份染成浅蓝色。把一半的浅蓝色糖霜放入另外一个碗中，密封，放在一边备用。按"两步糖霜"（第24页）浓度标准稀释浅粉红色、黄色和剩余的浅蓝色糖霜，然后分别装到挤压瓶中。

1 借助直尺，用美工刀或可食用记号笔轻描出线条，将每个方块分割成三个单独的面。

2 使用浅黄色糖霜，浇饰每个方块正面轮廓并进行填充。

3 使用浅蓝色糖霜，浇饰每个方块的侧面轮廓并进行填充。

4 使用浅粉红色糖霜，浇饰每个方块的顶部轮廓并进行填充。至少静置定型6小时或一个晚上。

迎婴聚会

5 把备用的浅蓝色糖霜装入带2号圆形裱花嘴的裱花袋中,沿每个方块周围浇饰1个边框。

6 使用浅粉红色糖霜,浇饰每个方块前面的字母"A"并进行填充(参见小贴士)。

7 使用浅黄色糖霜,浇饰每个方块侧面的字母"B"并进行填充。

8 用装有浅蓝色糖霜的挤压瓶,浇饰每个方块的顶部的字母"C"并进行填充。把饼干晾干,食用前至少晾置6小时。

小贴士

浇饰时,我喜欢借助一把直尺来制作直线。首先,轻轻地用美工刀或可食用记号笔进行标线,然后在标线上进行浇饰。

使用糖霜浇饰前,如果你用美工刀或可食用记号笔写出字母,就会很容易浇饰。

你也可以使用相同的饼干切模来制作其他场合使用的幸运骰子(第242页),从而让你的饼干切模更具活力!

龙虾烘焙

龙虾

我第一次吃龙虾，是在缅因州度假的时候，龙虾价格非常昂贵，所以吃龙虾并不是一件简单的事情。除了特别场合或海滩度假，如果我要吃龙虾，很可能吃的是这些明亮的红色饼干，而不是那种昂贵的带壳的动物！制作大约24块饼干。

需要的原料和工具

- 1个配方的饼干面团（第36~46页）
- 龙虾饼干切模
- 1个配方的蛋白糖霜（第47页）
- 粉红色啫喱状色素
- 红色啫喱状色素
- 挤压瓶
- 红色翻糖
- 黑色翻糖
- 小号食品刷
- 红色金属光泽亮粉
- 一次性裱花袋
- 连接器
- 2号圆形裱花嘴
- 镊子

所需技巧

- 染色糖霜（第22页）
- 填充挤压瓶（第24页）
- 浇饰（第27页）
- 填充（第28页）
- 使用翻糖（第30页）
- 添加闪光装饰品（第28页）
- 填充裱花袋（第24页）

准备工作

烘焙饼干：把面团擀好，用龙虾饼干切模压出造型。根据配方指南烘烤。装饰前要完全冷却。

糖霜的着色及稀释：把糖霜染成红色。把1杯（250毫升）糖霜放入一个碗中，密封，放在一边备用。把剩余的糖霜按"两步糖霜"（第24页）浓度标准稀释，然后装到挤压瓶中。

1 使用装有红色糖霜的挤压瓶，浇饰龙虾的每个单独部分并进行填充，可以使用第215页已经完成的例子作为参考。糖霜静置定型15分钟。

2 浇饰龙虾的其他部分并进行填充。糖霜静置定型至少6小时或一个晚上。

3 同时，把红色翻糖搓成非常细的绳子，把绳子切成长约2.5厘米，为每个龙虾制作2个触角。

4 把黑色翻糖揉成非常小的小球，约有胡椒粒大小，为每个龙虾制作2只眼睛。将所有的翻糖放在烤盘上，至少晾置1小时或一个晚上。

龙虾烘焙

5 使用小号食品刷蘸金属光泽亮粉轻刷龙虾的头部。

6 将备用的红色糖霜装入带2号圆形裱花嘴的裱花袋中,在龙虾上浇饰出小圆点,可将下面已完成的示例作为参考。

7 使用镊子和少量的糖霜,把2个红色翻糖触角粘到每个龙虾头上。

8 把2只黑色翻糖眼睛粘到每个龙虾上。把饼干晾干,食用前晾置至少4小时。

小贴士

如果无法把所有的糖霜装入挤压瓶中,把剩余的糖霜密封好,需要时再装入瓶中。

通过分段浇饰龙虾的轮廓和填充,这样饼干看上去有了层次感。

在"海底"主题派对中,可以把这些龙虾和其他海洋生物(147~152页)放在一块。

花样小变动

如果不用翻糖制作眼睛,你可以简单地使用黑色糖霜和一个2号圆形裱花嘴的裱花袋浇饰出眼睛。

第五章 饼干之派对篇

龙虾烘焙

柠檬片

有些人喜欢将龙虾与黄油一块吃,但我更喜欢在虾肉上滴一些柠檬汁。使用柠檬蛋白糖霜来制作这些风味正宗的饼干(见47页的"花样小变动")!**制作大约36块饼干。**

需要的原料和工具

- 1个配方的饼干面团（第36~46页）
- 7.5厘米圆形饼干切模
- 1个配方的蛋白糖霜（第47页）
- 一次性裱花袋
- 连接器
- 2号圆形裱花嘴
- 黄色啫喱状色素
- 2个挤压瓶
- 牙签

所需技巧

- 染色糖霜（第22页）
- 填充裱花袋（第24页）
- 填充挤压瓶（第24页）
- 浇饰（第27页）
- 填充（第28页）

小贴士

使用黄色糖霜填充饼干时,不要过于慷慨,否则在添加白色糖霜时,糖霜可能会溢出。

花样小变动

如果不用糖霜浇饰柠檬籽,可以在糖霜未干时,添加包裹一层白色巧克力的葵花籽,葵花籽的箭头指向饼干中心。

> **准备工作**
>
> **烘焙饼干：** 把面团擀好,用圆形饼干切模压出造型。根据配方指南烘烤。装饰前要完全冷却。
>
> **糖霜的着色及稀释：** 把½杯（125毫升）白色糖霜装入带2号圆形裱花嘴的裱花袋中。把剩余糖霜的⅓放入一个碗中,保持白色。把剩余的糖霜染成黄色。按"两步糖霜"（第24页）浓度标准把两种糖霜稀释,分别装到挤压瓶中。（将剩余的黄色糖霜密封好,需要时再装到挤压瓶中）。

1 一次操作一个饼干,使用黄色糖霜浇饰饼干的轮廓并填充。趁黄色糖霜还未干时,使用装有白色糖霜的挤压瓶在黄色圆圈内部浇饰出1个小圆圈。

2 立即用一根牙签头部制作8个柠檬瓣,从白圈的外缘开始向里面中心拖动牙签,保持相同的间隔。

3 使用装有白色糖霜裱花袋,在每块饼干的中心浇饰出8粒柠檬籽,每瓣一粒。所有的饼干重复第1~3步。把饼干晾干,食用前晾置至少6小时。

西瓜

夏季，我从没担心过每日水果的推荐摄入量，主要是因为我吃了大量多汁、甜甜的西瓜！这些闪亮的饼干与中间被掏空的装满水果沙拉的半块西瓜，一起构成一顿完美和谐（和多彩）的甜点。制作大约24块饼干。

准备工作

烘焙饼干： 把面团擀好，用西瓜饼干切模压出造型。根据配方指南烘烤。装饰前要完全冷却。

糖霜的着色及稀释： 把1杯（250毫升）糖霜分别放入两个碗中，将其中的一份染成绿色，另一份保持白色，分别装入带2号圆形裱花嘴的裱花袋中。另外一个碗中放入½杯（125毫升）糖霜，染成黑色，然后装入带1号裱花嘴的裱花袋中。把剩余的糖霜染成桃红色，按"两步糖霜"（第24页）浓度标准稀释，然后装到挤压瓶中。

龙虾烘焙

需要的原料和工具

- 1个配方的饼干面团（第36~46页）
- 西瓜饼干切模
- 1个配方的蛋白糖霜（第47页）
- 绿色啫喱状色素
- 黑色啫喱状色素
- 桃红色啫喱状色素
- 3个一次性裱花袋
- 3个连接器
- 2个2号圆形裱花嘴
- 1号圆形裱花嘴
- 挤压瓶

所需技巧

- 染色糖霜（第22页）
- 填充裱花袋（第24页）
- 填充挤压瓶（第24页）
- 浇饰（第27页）
- 填充（第28页）

小贴士

若要塑造种子的形状，把裱花袋倾斜至45°左右，将圆形裱花嘴放到浇饰表面上。将裱花嘴拿开时轻轻用些力气挤压，来形成一个窄端和一个宽端。

如果你没有西瓜饼干切模，可以使用10厘米的圆形切模来切圆，再借助直尺，切一个平整的顶部。使用有凹槽的小的圆形切模切除饼干的一小部分来制作一个咬痕。

1 使用绿色糖霜，沿西瓜下边缘浇饰1个粗边框。使用白色糖霜，在绿色边框内部浇饰第二个粗边框。

2 一次操作一个饼干，使用桃红色糖霜浇饰并填充饼干的剩余部分。

3 趁桃红色糖霜还未干时，使用黑色糖霜在西瓜上面浇饰几粒西瓜籽（参见小贴士）。所有饼干都需要重复第2~3步。把饼干晾干，食用前晾置至少6小时。

第五章　饼干之派对篇

龙虾烘焙

玉米棒

这些配有翻糖"黄油"和一些砂糖"盐"的饼干会显得更有魅力。制作大约24块饼干。

需要的原料和工具

- 1个配方的饼干面团（第36~46页）
- 玉米棒饼干切模
- 1个配方的蛋白糖霜（第47页）
- 浅黄色啫喱状色素（见小贴士）
- 暗黄色啫喱状色素
- 棕色啫喱状色素
- 4个挤压瓶
- 乳白色软糖
- 小号食品刷
- 白色砂糖

所需技巧

- 染色糖霜（第22页）
- 填充裱花袋（第24页）
- 使用翻糖（第30页）
- 浇饰（第27页）
- 添加闪光装饰品（第28页）

> **准备工作**
>
> **烘焙饼干：** 把面团擀好，用玉米棒饼干切模压出造型。根据配方指南烘烤。装饰前要完全冷却。
>
> **糖霜的着色及稀释：** 在一个碗里放入1½杯（375毫升）糖霜，把它染成浅黄色。在两个碗中分别放入½杯（125毫升）糖霜，一份染成浅棕色，一份保持白色。把剩余的糖霜染成暗黄色，按"两步糖霜"（第24页）浓度标准稀释，然后装到挤压瓶中。

1 使用浅棕色糖霜，浇饰茎的轮廓并填充。使用暗黄色糖霜，浇饰玉米棒的轮廓并填充。糖霜静置定型至少6小时或一个晚上。

2 同时，制作2茶匙（10毫升）翻糖压制成平面方块形状，2厘米宽，3毫米厚，为每个饼干制作一个"黄油块"。

3 使用小号食品刷，轻轻地用水刷每一个翻糖片的顶部。用你的手指轻轻地撒些砂糖来模仿盐粒。放在烤盘内，至少晾置4小时或一个晚上。

4 使用浅黄色糖霜，在每个玉米棒上浇饰单个的小椭圆粒，颗粒之间互相留出一定的空间（见小贴士）。

5 使用暗黄色糖霜，浇饰更多的颗粒，颗粒之间仍然互相留出一定的空间。

6 使用白色糖霜，浇饰少量的白色颗粒，颗粒之间互相留出一定的空间。糖霜晾置15分钟。

7 重复第4～6步的操作，直到玉米棒上布满了玉米颗粒。饼干至少静置定型3小时。

8 每个翻糖片的背面轻涂少量糖霜，将1个黄油块粘贴到每个玉米棒上。把饼干晾干，食用前晾置至少3小时。

龙虾烘焙

小贴士

如果你的装备中没有两种黄颜色，可以为其中一份糖霜添加少量黄色啫喱状色素，另一份添加大量的色素来得到不同的色彩。

如果无法把所有的黄色糖霜装入挤压瓶，那么密封保存多余的糖霜，并根据需要重新填充到挤压瓶中。

让每个颗粒凝固，然后再浇饰相邻的另外一个，以便每个颗粒都保持各自的形状。

第五章 饼干之派对篇

龙虾烘焙

新鲜的樱桃派

我绝对是喜欢派的人,我是那么的喜欢,以至于我的第一本食谱(《175种迷你派食谱》)都是关于派的。我禁不住想把以派为主题的饼干收入到本书中!有什么比用一份新鲜的樱桃派更好的方式来结束你的室外夏季盛宴吗?作为聚会礼物,让你的客人把这些派的复制品带回家吧。制作大约30块饼干。

需要的原料和工具

- 1个配方的饼干面团(第36~46页)
- 派饼干切模
- 1个配方蛋白糖霜(第47页)
- 红色啫喱状色素
- 棕色啫喱状色素
- 蓝色啫喱状色素
- 3个一次性裱花袋
- 3个连接器
- 2个2号圆形裱花嘴
- 2个挤压瓶
- 白色砂糖
- 1号圆形裱花嘴

所需技巧

- 染色糖霜(第22页)
- 填充裱花袋(第24页)
- 填充挤压瓶(第24页)
- 浇饰(第27页)
- 填充(第28页)
- 添加闪光装饰品(第28页)

准备工作

烘焙饼干: 把面团擀好,用派饼干切模压出造型。根据配方指南烘烤。装饰前要完全冷却。

糖霜的着色及稀释: 三个碗中分别放入1¼杯(300毫升)糖霜,把其中的两份染成红色,另一份染成浅棕色。把浅棕色糖霜和一份红色糖霜密封,放在一边备用。将½杯(125毫升)白色糖霜装入2号裱花嘴的裱花袋中。将剩余的糖霜染成蓝色。按"两步糖霜"(第24页)浓度标准稀释蓝色和剩余的红色糖霜,然后分别装到挤压瓶中。

1 一次操作一个饼干,使用蓝色糖霜浇饰饼干派的盘子部分。

2 使用蓝色糖霜填充派的盘子部分。

3 趁蓝色糖霜还未干时,使用白色糖霜在派的盘子上浇饰2个弯曲的强调线。

4 用红色糖霜的挤压瓶,浇饰饼干派的轮廓。

5 用红色糖霜填充派。所有饼干重复第1～5步骤。糖霜至少静置定型6小时或一个晚上。

6 将浅棕色糖霜装入带2号裱花嘴的裱花袋中，一次操作一个饼干，在派顶部浇饰交叉花纹和边，使用已完成的示例作为参考。

7 趁浅棕色糖霜还未干时，撒一些砂糖，抖去多余的。所有的饼干重复第6～7步。

8 将保存待用的红色糖霜装入带1号裱花嘴的裱花袋中，在每个格子菱形外壳上面浇饰几个圆点来模仿樱桃。把饼干晾干，食用前晾置至少6小时。

龙虾烘焙

小贴士

如果抖动后仍有多余的砂糖粘到饼干上，不要担心。等到糖霜完全干燥后，轻轻地用小号食品刷或棉签刷掉多余的砂糖。

如果已经把糖霜填充到了裱花袋中，但一段时间不使用，你可以把它直立放置在一个高的饮水杯中。

花样小变动

如果制作蓝莓派，可以使用红色糖霜作为派的底盘，蓝色糖霜作为馅料。

这种设计夏天可以使用，秋天或冬天也可以。至于馅料，可以使用光滑橙色糖霜模仿南瓜或红薯派。使用南瓜味甜饼干面团（第43页）来制作饼干。

毛玻璃啤酒杯

海滩晚餐中没有什么比喝着冰镇啤酒看着太阳下山更好的了。这些顶端有大量泡沫的有趣的饼干,也非常适合一项体育赛事、父亲节或者一次休闲的户外烧烤。制作大约30块饼干。

需要的原料和工具

- 1个配方的饼干面团（第36~46页）
- 啤酒杯饼干切模
- 1个配方的蛋白糖霜（第47页）
- 棕色啫喱状色素
- 橙色啫喱状色素
- 2个挤压瓶
- 小号食品刷
- 金色金属光泽亮粉
- 银色金属光泽亮粉
- 一次性裱花袋
- 连接器
- 2号圆形裱花嘴

所需技巧

- 染色糖霜（第22页）
- 填充挤压瓶（第24页）
- 浇饰（第27页）
- 填充（第28页）
- 添加闪光装饰品（第28页）
- 填充裱花袋（第24页）

小贴士

为了得到橙棕色啤酒的颜色，我使用了大约4份棕色和1份橙色啫喱状色素。

使用金属光泽亮粉时，确保所使用的食品刷干燥，否则金属光泽亮粉会结块，而不是轻薄均匀地覆盖在表面。

准备工作

烘焙饼干：把面团擀好，用啤酒杯饼干切模压出造型。根据配方指南烘烤。装饰前要完全冷却。

糖霜的着色及稀释：将1杯（250毫升）糖霜放在一个碗里，把它染成浅棕色。密封，放在一边备用。把剩余的糖霜平均放到两个碗中，把其中的一碗染成浅棕色，再加入少量橙色色素（见小贴士），另外一碗保持白色。按"两步糖霜"（第24页）浓度标准稀释橙棕色和白色糖霜，然后分别装到挤压瓶中。

1 使用橙棕色糖霜，浇饰啤酒杯的轮廓并填充，顶部留出空间用来制作泡沫。

2 使用白色糖霜，浇饰啤酒杯柄和顶部并填充。静置定型至少6小时或一个晚上。

3 使用小号食品刷，用金色金属光泽亮粉轻轻地刷啤酒杯橙棕色部分。

4 用银色金属光泽亮粉刷啤酒杯的手柄。

龙虾烘焙

小贴士
每个"泡沫"定型以后，再浇饰旁边的泡沫，以便每个泡沫都保持各自的形状。

花样小变动
这些切模还可以为孩子们制作"根汁汽水杯子"饼干！根汁汽水可以染成深棕色，顶部伸出一支翻糖吸管！

5
将浅棕色糖霜装入带2号裱花嘴的裱花袋中。如图所示，在每个啤酒杯上浇饰3个长方形。

6
使用白色糖霜，在每个啤酒杯顶部浇饰一系列"泡沫"，挤压出各种尺寸的圆圈，圆圈之间保持一定距离（见小贴士），确保一些泡沫从杯子的一侧溢出。糖霜静置定型15分钟。

7
再浇饰一系列泡沫，每个圆环周围留出空间。糖霜凝固15分钟。

8
继续浇饰一两次泡沫，直到你的杯子顶端出现很多漂亮的泡沫。把饼干晾干，食用前晾置至少6小时。

第五章　饼干之派对篇

法兰西万岁

法国国旗

我是真正热爱法国的人，这要归因于我初中和高中阶段上过6年的法语课。有一年，我把我所爱的烘焙和对所有的法兰西事物的热爱结合了起来，为班里烘焙了一个蓝、白、红条纹法国国旗饼干。对于一个烘焙新手来说，那是一个简单的设计。这些闪亮的国旗饼干也同样很简单。制作大约30块饼干。

需要的原料和工具

- 1个配方的饼干面团（第36～46页）
- 旗帜饼干切模
- 1个配方的蛋白糖霜（第47页）
- 黑色啫喱状色素
- 蓝色啫喱状色素
- 红色啫喱状色素
- 一次性裱花袋
- 连接器
- 2号圆形裱花嘴
- 3个挤压瓶
- 直尺
- 美工刀或可食用记号笔
- 蓝色亮粉
- 红色亮粉
- 镊子
- 银色糖珠

所需技巧

- 染色糖霜（第22页）
- 填充裱花袋（第24页）
- 填充挤压瓶（第24页）
- 浇饰（第27页）
- 填充（第28页）
- 使用美工刀（第31页）
- 添加装饰品（第31页）
- 添加闪光装饰品（第28页）

准备工作

烘焙饼干： 把面团擀好，用旗帜饼干切模压出造型。根据配方指南烘烤。装饰前要完全冷却。

糖霜的着色及稀释： 将1杯（250毫升）糖霜放在一个碗里，把它染成黑色，装入带2号裱花嘴的裱花袋中。把剩余的糖霜平均放到三个碗中，其中的一份染成红色，一份染成蓝色，另一份保持白色。按"两步糖霜"（第24页）浓度标准稀释红色、蓝色和白色糖霜，并分别装到挤压瓶中。

1 使用黑色糖霜，在每个饼干左侧浇饰1根旗杆，包括顶部1个圆点，代表顶端。

2 借助直尺，用美工刀或可食用记号笔轻描出垂直线条，将每个饼干分割成3个平均部分（参见小贴士）。

3 一次操作一个饼干，使用蓝色糖霜浇饰并填充饼干的左侧部分。

4 趁蓝色糖霜还未干时，撒一些蓝色亮粉，抖去多余的。所有的饼干重复第3～4步。

法兰西万岁

5 一次操作一个饼干，使用红色糖霜浇饰并填充饼干的右侧部分。

6 趁红色糖霜还未干，在它上面撒上红色亮粉，抖掉多余的。所有的饼干都重复第5~6步。

7 使用白色糖霜，浇饰饼干的中间部分并填充。

8 使用镊子和少量的糖霜，粘贴3组银色糖珠，每组2个，用以连接旗帜和旗杆。把饼干晾干，食用前晾置至少6小时。

小贴士

旗帜部分要看上去整洁，需要测量旗帜的宽度，将其划分为三份，然后用美工刀标出两条直线表示三个部分。直线有助于保持浇饰的整洁。

如果抖动后仍有多余的亮粉粘到饼干上，不要担心。等到糖霜完全干燥后，轻轻地用小号食品刷或者棉签刷掉多余的亮粉。

添加银色糖珠等装饰时，用镊子操作会更容易。多购置一副镊子，和你的装饰工具一起放在顺手的地方。

花样小变动

可以制作美国国旗饼干来庆祝七月四日美国国庆日；制作加拿大国旗饼干来庆祝加拿大国庆日。

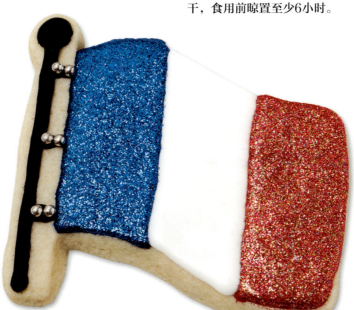

法兰西万岁

埃菲尔铁塔

这样的饼干不需要任何修饰，它有着闪闪发光的亮片、多种颜色或装饰。埃菲尔铁塔这一标志性建筑蔚为壮观（细致），足以给人留下深刻的印象。如果你想要磨炼你的浇饰技能，而不用花太多时间准备你的工具，这是一个值得尝试的很棒的饼干。制作大约30块饼干。

需要的原料和工具

- 1个配方的饼干面团（第36～46页）
- 埃菲尔铁塔饼干切模
- 1个配方的蛋白糖霜（第47页）
- 黑色啫喱状色素
- 一次性裱花袋
- 连接器
- 2号圆形裱花嘴
- 挤压瓶

所需技巧

- 染色糖霜（第22页）
- 填充裱花袋（第24页）
- 填充挤压瓶（第24页）
- 浇饰（第27页）
- 填充（第28页）

小贴士

我喜欢使用直尺和美工刀来制作直线，直线浇饰得笔直，制作出的作品会更完美。借助直尺，轻轻地在饼干上划出一条直线。用刷子清除多余的碎屑，在上面浇饰——太棒了。

准备工作

烘焙饼干： 把面团擀好，用埃菲尔铁塔饼干切模压出造型。根据配方指南烘烤。装饰前要完全冷却。

糖霜的着色及稀释： 将糖霜染成黑色。把一半的黑色糖霜装入带2号裱花嘴的裱花袋中。将剩余的糖霜按"两步糖霜"（第24页）浓度标准稀释，然后装到挤压瓶中。

1 使用挤压瓶，浇饰出每个铁塔的底层并填充。

2 浇饰每个塔的顶部球状部分并填充。

3 使用裱花袋，浇饰每个塔的轮廓。

4 在中间层的顶部和底部浇饰2条直线。

法兰西万岁

5 浇饰1条直线穿过顶层。

6 底层下面的中央部分浇饰一个格子形状图案。

7 中间层浇饰一个格子形状图案。

8 每个塔的两侧浇饰一个格子形状图案。把饼干晾干，食用前晾置至少6小时。

花样小变动

使用黑巧克力甜饼干面团（第40页）来制作饼干，把糖霜染成银色或金色以获得一个更加炫目的效果。

法兰西万岁

自行车

像很多欧洲城市一样，巴黎人对自行车非常喜爱。整个大街小巷，你会看到巴黎人正蹬着自行车，车篮中放着新鲜出炉的法式长棍面包或一束束五颜六色的鲜花。这令人愉快的红色自行车，以及翻糖篮子，令人印象太深刻了，都不忍心吃下去了……几乎是这样。制作大约30块饼干。

需要的原料和工具

- 1个配方的饼干面团（第36～46页）
- 自行车饼干切模
- 1个配方的蛋白糖霜（第47页）
- 红色啫喱状色素
- 黑色啫喱状色素
- 2个一次性裱花袋
- 2个连接器
- 2个2号圆形裱花嘴
- 圆形切模（见小贴士）
- 美工刀
- 1号圆形裱花嘴
- 镊子
- 银色糖珠
- 玉米淀粉
- 小擀面杖
- 粉红色翻糖
- 小花朵切模
- 圆头翻糖塑型工具
- 棕色翻糖

所需技巧

- 染色糖霜（第22页）
- 填充裱花袋（第24页）
- 浇饰（第27页）
- 使用美工刀（第31页）
- 添加装饰品（第31页）
- 使用翻糖（第30页）

准备工作

烘焙饼干：把面团擀好，用自行车饼干切模压出造型。根据配方指南烘烤。装饰前要完全冷却。

糖霜的着色及稀释：将糖霜平均放在两个碗里，一份染成红色，另一份染成黑色，将它们分别装入带2号裱花嘴的裱花袋中。

1 把圆形切模放在每个自行车前轮上，用美工刀轻轻地沿着外侧划个印痕。后轮采用同样的制作方法。

2 使用黑色糖霜为每个车轮浇饰1个浓浓的圆圈，使用轮廓划痕作为指南。

3 在每辆自行车上浇饰1个黑色的车座、底部踏板和车把。

4 把黑色糖霜的圆形裱花嘴换成1号裱花嘴，在每个车轮中心浇饰16根黑色车轮辐条。

5 一次操作一个饼干,使用红色糖霜浇饰每辆自行车的框架,如图所示。浇饰线应该比那些轮子的辐条线粗些。

6 趁红色糖霜还未干时,使用镊子在每个车轮中心放1个银色糖珠,踏板的上面部分放3个糖珠。所有饼干重复第5～6步。让糖霜静置定型至少6小时或者一个晚上。

7 同时,在台面上,撒上一层薄薄的玉米淀粉,把一小块粉红色翻糖擀至2毫米厚,使用花朵切模,为每个饼干切出5～6只花朵。

8 塑造每朵花的形状,让花瓣自中心向上倾斜。要做成这样,需要将小花放到拇指与食指、中指的中间,并使用圆头翻糖塑型工具轻轻向下按中心位置。把花放在烤盘上,至少晾置4小时或一个晚上。

9 把1茶匙(15毫升)棕色软糖制作成一个圆篮子的形状,为每个饼干制作1个篮子。

10 每个篮子里浇饰相当多的糖霜,几乎浇满。

法兰西万岁

小贴士

这些饼干如果轮子非常圆的话,看起来会更加精致。使用一个符合饼干车轮大小的圆形切模。

如果你没有美工刀,第1步中可以使用可食用记号笔画出轮廓。

添加诸如银色糖珠等装饰时,使用一把镊子会更容易些。多购置一副镊子,和你的装饰工具一起放在顺手的地方。

翻糖染色时,一定要戴上一次性乳胶手套,这样啫喱状色素就不会弄脏你的手。

将暂时不用的翻糖用保鲜膜密封包裹严实,因为它会很快变干,以至于无法使用。

我做的篮子直径大约2.5厘米,深1厘米,但你可以自行改变篮子大小和形状,这取决于你的自行车和花的大小。

法兰西万岁

小贴士

当你抬高自行车的顶部来安装车篮时（步骤12），请尝试使用一个冷却架支撑饼干的顶部边缘（座位和车把）。

除了"法兰西万岁"系列之外，这些自行车将是体育主题的一个很棒的补充（见第154~170页），你可以省去篮子和鲜花。

花样小变动

为了使设计更加简单，可以去掉翻糖车篮。

更改自行车的颜色来匹配饼干接受者自行车的颜色。

11 每个篮子里放置5~6个翻糖花，用少量糖霜进行固定。把篮子放在烤盘上，至少晾置4小时或一个晚上。

12 把饼干放在稳固的工作台上，每个自行车顶部稍稍抬高（见小贴士），留出粘贴篮子宽度的空间。

13 每个篮子底部和一侧蘸少量糖霜，将篮子粘贴到每辆自行车的前面。

14 晾置糖霜的时候，用坚硬的东西固定好每个篮子和自行车，如用一个小酒杯，晾干大约需要4个小时。

法国画家

哈哈！这个小法国画家外套上的油彩比他画架上的还多！从他标志性的红色贝雷帽和小胡子到他小小的调色板看得出，他或许就在家里，站在埃菲尔铁塔（第226页）前，画着美丽的风景。制作大约24块饼干。

准备工作

烘焙饼干：把面团擀好，用姜饼男孩饼干切模压出造型。根据配方指南烘烤。装饰前要完全冷却。

糖霜的着色及稀释：将¾杯（175毫升）糖霜分别放在四个碗中，一份染成蓝色，一份染成棕色，一份染成黑色，一份染成红色。将½杯（125毫升）糖霜放在一个碗中，颜色保持白色不变。将¼杯（60毫升）糖霜分别放在三个碗中，一份染成黄色，一份染成绿色，一份染成橙色。除了棕色和蓝色糖霜，其他的糖霜都要密封好，放在一边备份。按"两步糖霜"（第24页）浓度标准稀释蓝色、棕色和剩余的白色糖霜，然后分别装到挤压瓶中。

法兰西万岁

需要的原料和工具

- 1个配方的饼干面团（第36~46页）
- 姜饼男孩饼干切模
- 1个配方的蛋白糖霜（第47页）
- 蓝色啫喱状色素
- 棕色啫喱状色素
- 黑色啫喱状色素
- 红色啫喱状色素
- 黄色啫喱状色素
- 绿色啫喱状色素
- 橙色啫喱状色素
- 3个挤压瓶
- 玉米淀粉
- 小擀面杖
- 棕色翻糖
- 红色翻糖
- 美工刀
- 迷你调色板模板（第252页）
- 6个一次性裱花袋
- 6个连接器
- 6个2号圆形裱花嘴
- 多彩可食用记号笔

所需技巧

- 染色糖霜（第24页）
- 填充挤压瓶（第24页）
- 浇饰（第27页）
- 填充（第28页）
- 使用翻糖（第30页）
- 使用美工刀（第31页）
- 填充裱花袋（第24页）

1 使用白色糖霜挤压瓶浇饰每个画家的外衣轮廓并填充，如图所示。

2 使用蓝色糖霜挤压瓶浇饰每个画家的裤子轮廓并填充。

3 使用棕色糖霜浇饰每个画家的鞋的轮廓并填充。让糖霜静置定型至少6小时或者一个晚上。

4 同时，在台面上撒上一层薄薄的玉米淀粉，把一小块棕色翻糖擀至2毫米厚，使用美工刀和迷你调色板模板，为每个饼干切出1个调色板。

法兰西万岁

小贴士

蛋白糖霜不使用时应密闭保存，因为它往往很快就干了。

翻糖染色时，一定要戴上一次性乳胶手套，这样啫喱状色素不会弄脏你的手。

擀制好翻糖，静置定型大约15分钟（但不应超过这个时间），然后切割出各种形状。这样会使它变硬一点，更容易切割。

把暂时不用的翻糖用保鲜膜包紧，以免它迅速干燥，以至于无法使用。

如果你打算经常使用翻糖，美工刀是一个很好的投资。它的刀刃比削皮刀锐利，适合更加"精确"的切割。

5 用2茶匙（10毫升）红色翻糖来制作一个贝雷帽的形状，它的大小应适合这位画家头的尺寸。压扁贝雷帽的背面，使它平整。用一小块红翻糖制作1个小球。将水涂到球上，然后轻轻地把它按到贝雷帽顶部中心位置粘贴好。为每个饼干制作1个贝雷帽。把调色板和贝雷帽置于烤盘内，晾置至少4小时或一个晚上。

6 将黑色、红色、白色、黄色、绿色和橙色糖霜分别装入带2号圆形裱花嘴的裱花袋中。一次操作一个饼干，使用黑色糖霜浇饰这位画家的头发。

7 趁黑色糖霜还未干时，把贝雷帽粘到这位画家头上。所有饼干重复第6~7步。

8 使用白色糖霜的裱花袋，沿每个画家的外套周边浇饰一个边框。

9 在每一件衣服上浇饰翻领、一条中心线和白色的口袋。

10 使用红色糖霜，为每个画家上浇饰一条围巾和一张微笑的嘴。

11 用黑色糖霜在每个画家脸上浇饰眉毛、眼睛、鼻子和小胡子,沿着画家外套的中心位置向下依次浇饰4颗纽扣。

12 用糖霜轻涂每个翻糖调色板的背面,将调色板粘贴到每个右手上。

13 在每个调色板上浇饰蓝的、红的、黄的、绿的和橙色的圆点。

14 使用可食用记号笔在画家的整个外套上绘制溅上的油彩。把饼干晾干,食用前晾置至少6小时。

法兰西万岁

小贴士
在工艺品商店烘焙区或货源丰富的杂货店的烘焙区中寻找可食用记号笔。

花样小变动
如果你不想使用翻糖,可以在黑色"头发"完全干燥后,用红色糖霜在饼干上浇饰一个贝雷帽。如果不制作迷你调色板,可以将这些饼干与画家的调色板饼干(第234页)搭配成一个组合(去掉翻糖画刷)。

第五章 饼干之派对篇

法兰西万岁

画家的调色板

这是我们法国画家（第231页）手持的小调色板的特写，还有一个蘸着蓝色油彩的翻糖画刷。制作大约24块饼干。

需要的原料和工具

- 1个配方的饼干面团（第36~46页）
- 美工刀
- 调色板模板（第252页）
- 1个配方的蛋白糖霜（第47页）
- 红色啫喱状色素
- 黄色啫喱状色素
- 紫色啫喱状色素
- 蓝色啫喱状色素
- 粉红色啫喱状色素
- 绿色啫喱状色素
- 棕色啫喱状色素
- 7个挤压瓶
- 棕色翻糖
- 白色翻糖
- 小号食品刷
- 棕色或红褐色金属光泽亮粉

所需技巧

- 使用美工刀（第31页）
- 使用模板（第32页）
- 染色糖霜（第22页）
- 填充挤压瓶（第24页）
- 浇饰（第27页）
- 填充（第28页）
- 使用翻糖（第30页）

准备工作

烘焙饼干： 把面团擀好，使用美工刀和调色板模板切出造型，需要的话把碎屑重新擀制。根据配方指南烘烤。装饰前要完全冷却。

糖霜的稀释及着色： 按"两步糖霜"（第24页）浓度标准稀释糖霜。把½杯（125毫升）糖霜分别放入六个碗中，并把它们分别染成红色、黄色、紫色、蓝色、粉红色和绿色。密封好，放到一边备用。将剩余的糖霜染成浅棕色，然后装到挤压瓶中。

1 使用浅棕色糖霜，浇饰调色板轮廓并填充。糖霜静置定型至少6小时或者一个晚上。

2 同时，将一块棕色翻糖擀成直径约为5毫米和长度为10厘米的一根绳，一端逐渐变细，像一根画刷一样。

3 擀制一条又细又短的绳子，环绕在画刷笔干上端三分之一处，用少量的水将它粘在上面。

4 制作刷子，需要将一块白色翻糖擀制成一个1厘米长、5毫米厚的平面方块，用美工刀在方块上划出线条来模拟一根一根的刷毛（不要直接把翻糖切透）。

法兰西万岁

5 蘸少量的水将刷子粘到画刷的笔干上,轻轻地把它们挤到一起。

6 笔刷尖蘸少量的蓝色糖霜。

7 使用真正的食品画刷,轻轻地用金属光泽亮粉刷翻糖画刷的笔干。为每个饼干制作1个笔刷。把笔刷放在烤盘上,至少晾置6小时或一个晚上。

8 将红色、黄色、紫色、蓝色、粉红色和绿色糖霜分别装入挤压瓶,使用交替的颜色,沿每个面板边缘制作调色盘,使调色盘均匀分布,但是每一种颜色使用略有不同的形状。

9 用糖霜轻涂每个画刷的背面,将画刷斜对角粘贴到每个调色板上。把饼干晾干,食用前晾置至少6小时。

小贴士

如果你没有美工刀,任何锋利的小刀都可以。

饼干面团冷藏后能很好地保持造型。如果制作造型时擀制的面团温度变高,小心地把它转移到一个饼干烤盘中,在冰箱放置15分钟,然后再继续操作。

使用金属光泽亮粉时,请确保所使用的食品刷是干的。否则,金属光泽亮粉会结块而无法在表面上形成薄薄的、均匀的一层。

制作一个艺术主题,你还可以将这些调色板和蜡笔(第176页)一起搭配。

花样小变动

为了使设计更加简单,可以省去翻糖画刷。

法兰西万岁

香槟酒瓶

巴黎是一个以浪漫而著称的城市。还有什么事比与你所爱的人分享一瓶法国本土的香槟更浪漫的呢？这些饼干尤其适合用于婚礼甜点桌，新年除夕夜或者任何值得干杯的场合。制作大约30块饼干。

准备工作

烘焙饼干：把面团擀好，用葡萄酒瓶饼干切模压出造型。根据配方指南烘烤。装饰前要完全冷却。

糖霜的着色及稀释：将1杯（250毫升）糖霜分别放入两个碗中，一份染成黑色，另一份染成黄色。将黑色糖霜密封好，放到一边备用。把剩余的糖霜染成绿色。按"两步糖霜"（第24页）浓度标准稀释黄色和绿色糖霜，并分别装到挤压瓶中。

需要的原料和工具

- 1个配方的饼干面团（第36~46页）
- 葡萄酒瓶饼干切模
- 1个配方的蛋白糖霜（第47页）
- 黑色啫喱状色素
- 黄色啫喱状色素
- 绿色啫喱状色素
- 2个挤压瓶
- 玉米淀粉
- 小号擀面杖
- 桃红色翻糖
- 2.5厘米圆形切模
- 美工刀
- 香槟标签模板（第252页）
- 直尺
- 小号食品刷
- 金色金属光泽亮粉
- 一次性裱花袋
- 连接器
- 2号圆形裱花嘴

所需技巧

- 染色糖霜（第22页）
- 填充挤压瓶（第24页）
- 浇饰（第27页）
- 填充（第28页）
- 使用翻糖（第30页）
- 使用美工刀（第31页）
- 制作模板（第32页）
- 添加闪光装饰品（第32页）
- 填充裱花袋（第24页）

1 使用绿色糖霜，浇饰香槟瓶下面部分的轮廓并填充。使用黄色糖霜，浇饰瓶子的上面部分并填充。糖霜静置定型至少6小时或一个晚上。

2 在台面上撒上一层薄薄的玉米淀粉，把一小块翻糖擀至2毫米厚，使用圆形切模为每个饼干切出1个圆片。

3 使用美工刀和香槟标签模板，为每个饼干切割出1个标签。

4 使用美工刀和直尺，切割出一个高度为2厘米，宽度为酒瓶绿色糖霜顶端大小的矩形。

5

把矩形放到饼干上,让它盖住黄色糖霜和绿色糖霜之间的接合处。修剪矩形的短边,以便它正好对齐饼干,为每个饼干制作1件。将所有的翻糖部件放在一个烤盘上,至少晾置4小时或一个晚上。

6

使用小号食品刷,用金属光泽亮粉轻刷黄色糖霜。

7

用糖霜轻涂每个翻糖部件的背面,按照下面步骤粘贴到饼干上。在靠近饼干底部的位置,贴一个标签,拱形一边朝上,位置靠近饼干的底部附近。在每个饼干的黄色和绿色糖霜之间的接合处贴上一个矩形。在每个矩形的中心贴上一个圆。

8

把黑色糖霜装入带2号裱花嘴的裱花袋中,在每个标签、矩形和圆片的内部浇饰边框,如图所示。在标签的中心位置浇饰"Salut!"。把饼干晾干,食用前晾置至少6小时。

法兰西万岁

小贴士

擀制好翻糖,静置定型大约15分钟(但不应超过这个时间),然后切割出各种形状。这样翻糖会变硬一点,更容易切割。

如果你打算经常使用翻糖,美工刀是一个很好的选择。它的刀刃比削皮刀锐利,可以切割得更加"精确"。

使用金色金属光泽亮粉时,确保所使用的食品刷干燥,否则金属光泽亮粉会凝结,从而无法在表面上形成轻薄均匀的一层。

花样小变动

使用这种饼干切模制作葡萄酒瓶,来模仿你最喜欢的葡萄酒瓶品种或标签。在鸡尾酒会时把它们作为甜点提供给大家或者在品酒会上将它们与甜点酒搭配。

赌场之夜

扑克筹码

通常情况下，消费一堆扑克筹码是件非常糟糕的事。在现在的情况下，它只意味着每个人都喜欢你的饼干。呈现在眼前的是这些制作简单的饼干多姿多彩地堆放在那儿，有种真实赌注的效果！制作大约36块饼干。

需要的原料和工具

- 1个配方的饼干面团（第36~46页）
- 6厘米圆形饼干切模
- 1个配方的蛋白糖霜（第47页）
- 黑色啫喱状色素
- 红色啫喱状色素
- 蓝色啫喱状色素
- 2个挤压瓶
- 2.5厘米圆形饼干切模
- 美工刀
- 3个一次性裱花袋
- 3个连接器
- 3个2号圆形裱花嘴

所需技巧

- 染色糖霜（第22页）
- 填充挤压瓶（第24页）
- 浇饰（第27页）
- 填充（第28页）
- 使用美工刀（第31页）
- 填充裱花袋（第24页）

准备工作

烘焙饼干： 把面团擀好，用6厘米大小的圆形饼干切模压出造型。根据配方指南烘烤。装饰前要完全冷却。

糖霜的着色及稀释： 在两个碗中各放1杯（250毫升）糖霜，一份染成黑色，另一份保持白色。将1/2杯（125毫升）糖霜放到一个碗中，染成红色。把所有的碗密封好，放在一边备用。把剩余的糖霜平均分到两个碗中，一份染色为红色，一份染色为蓝色。按"两步糖霜"（第24页）浓度标准稀释红色和蓝色糖霜，并分别装到挤压瓶中。

1 用红色糖霜挤压瓶，浇饰一半饼干的轮廓并填充。用蓝色糖霜浇饰剩余饼干的轮廓并填充。让糖霜静置定型至少6小时或者一个晚上。

2 在每个饼干的中心处放置一个2.5厘米的圆形饼干切模，使用美工刀轻轻地沿外侧划痕。

3 将黑色、白色和备用的红色糖霜装入带2号裱花嘴的裱花袋中。使用白色糖霜沿每个蓝色扑克筹码上的划痕浇饰一条虚线。

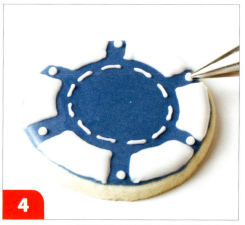

4 如图所示，在蓝色扑克筹码上浇饰剩余的白色花纹。

赌场之夜

5

使用黑色糖霜,在每个红色扑克筹码上沿划痕浇饰一条虚线。

6

如图所示,在红色扑克筹码上浇饰剩余的黑色花纹。

7

使用红色糖霜裱花袋,在每个蓝色扑克筹码的中心浇饰一个"5"。

8

使用黑色糖霜裱花袋,在每个红色扑克筹码的中心浇饰一个"10"。把饼干晾干,食用前晾置至少3个小时。

小贴士

我喜欢用较小的圆形切模来制作中间的圆,因为我希望它非常圆(我是个非常挑剔的人。)你也可以省去步骤2,不借助任何工具随意浇饰虚线。

如果你没有美工刀,在步骤2中,你可以使用可食用记号笔划出圆圈的轮廓。

赌场之夜

大赢家的扑克牌

这些饼干没有"抽奖的运气"。在打牌的夜晚或者家庭"钓鱼"扑克游戏比赛期间端上这些饼干作为甜点,每一口百分之百保证是美味。变化手中的牌来更"适合"你自己!制作大约30块饼干。

需要的原料和工具

- 1个配方的饼干面团(第36~46页)
- 一手扑克牌饼干切模
- 1个配方的蛋白糖霜(第47页)
- 黑色啫喱状色素
- 红色啫喱状色素
- 挤压瓶
- 扑克牌
- 美工刀
- 2个一次性裱花袋
- 2个连接器
- 2个2号圆形裱花嘴

所需技巧

- 染色糖霜(第22页)
- 填充挤压瓶(第24页)
- 浇饰(第27页)
- 填充(第28页)
- 使用美工刀(第31页)
- 填充裱花袋(第24页)

准备工作

烘焙饼干:擀好面团,用扑克牌饼干切模压出造型。根据配方指南烘烤。装饰前要完全冷却。

糖霜的着色及稀释:在两个碗中各放1杯(250毫升)糖霜,一份染成黑色,另一份染成红色。把所有的碗密封好,放在一边备用。按"两步糖霜"(第24页)浓度标准稀释剩余的白色糖霜,然后装到挤压瓶中。

1 使用白色糖霜,浇饰饼干轮廓并填充。让糖霜静置定型至少6小时或者一个晚上。

2 将真正的纸牌上放在饼干上,边对齐,如图所示,使用美工刀轻轻划出纸牌的轮廓。

3 逐渐倾斜纸牌,一点点划出边界轮廓,为一副五张牌制作出划痕轮廓。所有饼干重复第2~3步。

4 把黑色糖霜和红色糖霜分别装入带有2号圆形裱花嘴的裱花袋中。根据划痕轮廓作为指导,使用黑色糖霜浇饰扑克牌的边框。

赌场之夜

5 一次操作一个饼干,使用红色糖霜在底部牌的左上角浇饰一个"10",紧挨的一张牌的左上角浇饰一个"J",下一张左上角浇饰一个"Q",再下一张左上角浇饰一个"K"。

6 在上面一张牌的左上角浇饰一个红色的"A",它的下方浇饰一个小的心形图案。

7 把饼干颠倒过来,在对面的一个角上浇饰另一个"A"。"A"的下方浇饰一个小的心形图案。

8 再把饼干颠倒过来,在最上面的那张牌的中间位置浇饰一个小的心形图案。所有的饼干都重复第5~8步。把饼干晾干,食用前晾置至少3小时。

小贴士

如果无法把所有的白色糖霜装入挤压瓶,那么密封保存多余的糖霜,并根据需要重新装到挤压瓶中。

如果你没有美工刀,第2步和第3步中可以使用可食用记号笔划出轮廓的痕迹。

我经常用我装饰的饼干形状的真实的例子来启发我的设计。如果你想让你的饼干呈现不同的牌或花色,可以使用一副真纸牌作为参考。

花样小变动

如果不使用一手牌切模的话,可以使用一个长方形的切模来制作单张纸牌,或者使用一张纸牌作为模板。

第五章 饼干之派对篇 241

赌场之夜

需要的原料和工具

- 1个配方的饼干面团（第36~46页）
- 立方块饼干切模
- 1个配方的蛋白糖霜（第47页）
- 黑色啫喱状色素
- 2个挤压瓶
- 玉米淀粉
- 小擀面杖
- 白色翻糖
- 10号圆形裱花嘴（见小贴士）
- 黑色翻糖
- 2个一次性裱花袋
- 2个连接器
- 2个2号圆形裱花嘴
- 美工刀

所需技巧

- 染色糖霜（第22页）
- 填充挤压瓶（第24页）
- 浇饰（第27页）
- 填充（第28页）
- 使用翻糖（第30页）
- 填充裱花袋（第24页）
- 使用美工刀（第31页）

幸运骰子

当你的朋友看见桌子上有一盘两种色彩的幸运骰子时，一定会觉得自己非常幸运。制作大约36块饼干。

准备工作

烘焙饼干： 把面团擀好，用立方块饼干切模压出造型。根据配方指南烘烤。装饰前要完全冷却。

糖霜的着色及稀释： 在两个碗中各放1杯（250毫升）糖霜，一份染成黑色，另一份保持白色。把两个碗密封好，放在一边备用。将剩余的糖霜平均放到另外两个碗中，一份染成黑色，另一份保持白色。按"两步糖霜"（第24页）浓度标准稀释这两份糖霜，并分别装到挤压瓶中。

1 用黑色糖霜挤压瓶，浇饰一半饼干的轮廓并填充。

2 用白色糖霜挤压瓶，浇饰剩余饼干的轮廓并填充。糖霜至少晾置6小时或一个晚上。

3 同时，在台面上撒一层薄薄的玉米淀粉，把白色翻糖擀至2毫米厚，用10号裱花嘴作为切模，为每个黑色立方块压出10个小圆片。

4 台面上撒玉米淀粉，把黑色翻糖擀至2毫米厚，用10号裱花嘴作为切模，为每个白色骰子压出11个圆片。把所有的圆片放在烤盘上晾置，至少4小时或一个晚上。

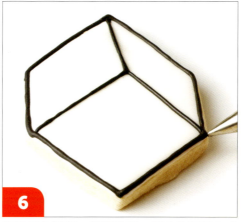

赌场之夜

小贴士

如果你没有一个10号圆形裱花嘴，可以用一个吸管的一端作为切模。

用裱花嘴切割翻糖时，可以将裱花嘴蘸些玉米淀粉或者向里面喷些防粘烹饪喷雾剂防止粘连。

我喜欢借助直尺来制作直线。首先，轻轻地用美工刀或可食用记号笔划出直线，然后用糖霜浇饰这些直线。

花样小变动

可以根据个人喜好或你的聚会颜色设计来改变骰子和点的颜色。

如果不使用翻糖圆片，可以只用2号圆嘴裱花袋浇饰圆点。

5 将备用的黑色和白色糖霜装入带2号裱花嘴的裱花袋中。使用白色糖霜浇饰边界，把黑色骰子分成3面（见小贴士）。

6 使用黑色糖霜，浇饰边界，把白色骰子分成3面。

7 一次操作一个饼干，使用白色糖霜在每个黑色骰子正面浇饰5个点，上面浇饰4个点，侧面浇饰1个点，如图所示。每个点上放一个白色翻糖圆片。对于所有的黑色骰子，重复上面的操作。

8 一次操作一个饼干，使用黑色糖霜在每个白色骰子正面浇饰6个点，侧面浇饰3个点，上面浇饰2个点，如图所示。每个点上放一个黑色翻糖圆片。对于所有的白色骰子，重复上面的操作。把饼干晾干，食用前晾置至少3个小时。

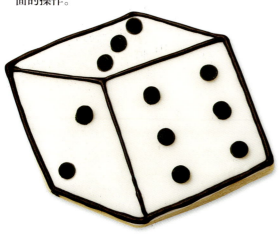

赌场之夜

粉红色的马提尼酒

一想起让"鼠帮乐队"出名的古典拉斯维加斯时代,就不得不提到马提尼酒。你可以点到你能想到的任何口味和颜色的马提尼酒,包括令人吃惊的各种深浅的粉红色。这些用糖镶边的饼干适合喜欢吃甜食的客人,他们可能更愿意再搭配上冰镇牛奶。制作大约30块饼干。

需要的原料和工具

- 1个配方的饼干面团（第36~46页）
- 马提尼酒杯饼干切模
- 1个配方的蛋白糖霜（第47页）
- 红色啫喱状色素
- 黑色啫喱状色素
- 桃红色啫喱状色素
- 2个挤压瓶
- 红色砂糖
- 橄榄绿色翻糖
- 一次性裱花袋
- 连接器
- 2号圆形裱花嘴

所需技巧

- 染色糖霜（第22页）
- 填充挤压瓶（第24页）
- 浇饰（第27页）
- 填充（第28页）
- 添加闪光装饰品（第28页）
- 使用翻糖（第30页）
- 填充裱花袋（第24页）

准备工作

烘焙饼干： 把面团擀好,用马提尼酒杯饼干切模压出造型。根据配方指南烘烤。装饰前要完全冷却。

糖霜的着色及稀释： 在一个碗中放入½杯（125毫升）糖霜,并把它染成红色,密封后放在一边备用。将剩余的糖霜平均放到另外两个碗中,一份染成黑色,另一份染成桃红色。按"两步糖霜"（第24页）浓度标准稀释这两份糖霜,并分别装到挤压瓶中。

1 使用黑色糖霜,浇饰每个马提尼酒杯的杯脚与底座轮廓并填充。

2 一次操作一个饼干,浇饰每个马提尼酒杯的三角部分轮廓。

3 趁黑色糖霜还未干时,在每个酒杯的边缘上撒一些砂糖,抖去多余的。所有的饼干重复第2~3步。

4 使用桃红色糖霜,浇饰马提尼酒杯内部的轮廓并填充,顶部留一个条状空间不要填充糖霜。至少静置定型6小时或一个晚上。

5 同时，将2茶匙（10毫升）翻糖做成椭圆橄榄形状，把它的背面压平，这样橄榄可以平放。为每个饼干制作1个橄榄。将橄榄放在烤盘上，晾置至少4个小时或一个晚上。

6 每个橄榄背面蘸少量的糖霜，将橄榄粘到每个马提尼酒杯的内部。

7 将红色糖霜装入带2号裱花嘴的裱花袋中，在每个橄榄的一端浇饰1个红色小圆圈。

8 浇饰1条细细的红线，穿过橄榄，作为鸡尾酒签。把饼干晾干，食用前晾置至少3小时。

赌场之夜

小贴士

如果抖动后仍有多余的砂糖粘到饼干上，不要担心。等到糖霜完全干燥后，轻轻地用小号食品刷或者棉签刷掉多余的砂糖。

把暂时不用的翻糖用保鲜膜包紧，否则它会很快变干，以至于无法使用。

花样小变动

如果不制作橄榄，可以制作一颗樱桃漂浮在杯中。如果你有一个小的樱桃切模，从红色翻糖上切割出樱桃，蘸少量糖霜把一颗樱桃粘到每个马提尼上。或者用红色糖霜浇饰一个樱桃。使用黑色或褐色糖霜浇饰酒杯的杯脚。

可以更换马提尼酒和玻璃杯的颜色，可以试着做银色的玻璃杯和紫色的马提尼酒。

赌场之夜

猫王

这些很酷的饼干绝对适合猫王！从他乌黑的头发、深色眼影和标志性的傻笑到他著名的白色连身裤和蓝色绒面鞋，这真是一个一扫而光的美味！制作大约24块饼干。

需要的原料和工具

- 1个配方的饼干面团（第36~46页）
- 姜饼男孩饼干切模
- 1个配方的蛋白糖霜（第47页）
- 红色啫喱状色素
- 黑色啫喱状色素
- 黄色啫喱状色素
- 蓝色啫喱状色素
- 2个挤压瓶
- 玉米淀粉
- 小擀面杖
- 蓝色翻糖
- 直尺
- 美工刀
- 3个一次性裱花袋
- 3个连接器
- 1号圆形裱花嘴
- 2个2号圆形裱花嘴

所需技巧

- 染色糖霜（第22页）
- 填充挤压瓶（第24页）
- 浇饰（第27页）
- 填充（第28页）
- 使用翻糖（第30页）
- 使用美工刀（第31页）
- 填充裱花袋（第24页）

> **准备工作**
>
> **烘焙饼干**：把面团擀好，用姜饼男孩饼干切模压出造型。根据配方指南烘烤。装饰前要完全冷却。
>
> **糖霜的着色及稀释**：在四个碗中各放¾杯（175毫升）糖霜，并把它们分别染成红色、黑色、黄色和蓝色。把红色、黑色和黄色糖霜密封好，放到一边备用。将蓝色糖霜和剩余的白色糖霜按"两步糖霜"（第24页）浓度标准进行稀释，并分别装到挤压瓶中。

1 使用白色糖霜，浇饰每个饼干连身裤的轮廓并填充。

2 使用蓝色糖霜，浇饰每个饼干绒面鞋的轮廓并进行填充。静置定型至少6小时或一个晚上。

3 同时，在台面上撒一层薄薄的玉米淀粉，把白色翻糖擀至2毫米厚。借助直尺，使用美工刀切割一个1厘米宽的翻糖条，它的长度足够为每个连体裤安装腰线。为每个饼干做1个翻糖条。把翻糖条放到烤盘上，晾置至少4个小时或一个晚上。

4 把黄色糖霜装入带1号裱花嘴的裱花袋中，将红色和黑色糖霜分别装入带2号裱花嘴的裱花袋中。使用红色和黄色糖霜为每个连体裤浇饰花纹，如图所示。

赌场之夜

5 使用黑色糖霜在每个饼干上浇饰头发、太阳镜和一个鼻子。

6 使用红色糖霜，在每个饼干上浇饰半个微笑。

7 每个翻糖条的背面蘸上糖霜，将翻糖条贴到每件连体裤的腰围上。

8 用黄色糖霜在每个腰带中间浇饰1个星星，星星两侧各浇饰1个圆点，并且浇饰太阳镜的两条腿。把饼干晾干，食用前晾置至少4小时。

小贴士

可以用花生酱甜饼干面团（第41页）制作这些饼干，它是猫王埃尔维斯最喜欢的味道之一。

如果无法把所有的白色糖霜装入挤压瓶中，把剩余的糖霜密封好，需要时再装入瓶中。

擀制好翻糖，晾置大约15分钟（但不应超过这个时间），然后切割出各种形状。这样它会变得硬一点，更容易切割。

如果你没有美工刀，用锋利的小刀也可以。

在切割翻糖腰带时，直尺可以帮助你切成一条直线。

花样小变动

如果不用翻糖制作腰带，可以只用蓝色糖霜浇饰出腰带。腰带至少晾置1小时，才能再浇饰上面的其他花纹。

赌场之夜

"欢迎来到拉斯维加斯"标示牌

拉斯维加斯到处都是炫目的标示牌，但很少比"欢迎来到神话般的拉斯维加斯"更有标志性。这些模仿制作的饼干可以欢迎参加赌场晚会的客人，也可以调整来适应任何的场合。制作大约24块饼干。

需要的原料和工具

- 1个配方的饼干面团（第36~46页）
- 美工刀
- 拉斯维加斯标示牌模板（第251页）
- 1个配方的蛋白糖霜（第47页）
- 蓝色啫喱状色素
- 红色啫喱状色素
- 黄色啫喱状色素
- 4个一次性裱花袋
- 4个连接器
- 3个2号圆形裱花嘴
- 挤压瓶
- 玉米淀粉
- 小号擀面杖
- 白色翻糖
- 红色亮粉或砂糖
- 1号圆形裱花嘴

所需技巧

- 使用美工刀（第31页）
- 使用模板（第32页）
- 染色糖霜（第22页）
- 填充裱花袋（第24页）
- 填充挤压瓶（第24页）
- 浇饰（第27页）
- 填充（第28页）
- 使用翻糖（第30页）
- 添加闪光装饰品（第28页）

准备工作

烘焙饼干： 把面团擀好，用美工刀和拉斯维加斯标示牌模板压出造型，如果需要，可以把碎屑重新擀制。根据配方指南烘烤。装饰前要完全冷却。

糖霜的着色及稀释： 在三个碗中各放¾杯（125毫升）糖霜，并把它们分别染成蓝色、红色和黄色。把蓝色糖霜装入带2号裱花嘴的裱花袋中。将红色和黄色糖霜密封好，放在一边备用。将剩余的白色糖霜按"两步糖霜"（第24页）浓度标准进行稀释，然后装到挤压瓶中。

1 使用白色糖霜，浇饰每个饼干的钻石形状部分的轮廓并填充。

2 使用蓝色糖霜在每个饼干左侧凸出部分浇饰一个正方形的拱形，如图所示。糖霜静置定型至少6小时或一个晚上。

3 同时，在台面上撒上一层薄薄的玉米淀粉，把翻糖擀至2毫米厚，使用裱花嘴的圆圈背面，为每个饼干做7个圆。把这些圆翻糖片放到烤盘上，晾置至少4小时或一个晚上。

4 把红色和黄色糖霜分别装入带2号裱花嘴的裱花袋中。一次操作一个饼干，使用红色糖霜在每个饼干左侧凸出部分浇饰1颗星星，与蓝色糖霜重叠，如图所示。

赌场之夜

5
趁红色糖霜还未干时,把亮粉撒到星星上,抖掉多余的亮粉。所有的饼干重复第4~5步的操作。

6
使用黄色糖霜,沿每个饼干的钻石形状部分浇饰一个边框。

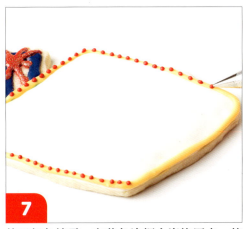

7
使用红色糖霜,在黄色边框上浇饰圆点,使它们紧密相连并且有相等的距离。

8
一次操作一个饼干,取一个翻糖圆片背面蘸少量的糖霜,把它粘到饼干的顶部附近,水平居中。

9
中间圆片的左侧粘3个圆片。

10
中间圆片右侧粘3个圆片,在饼干顶部出现一条排列7个圆片的直线。所有饼干重复第8~10步的操作。

小贴士

如果你没有美工刀,任何锋利的小刀都可以。

饼干面团在低温时可以最好地保持它的形状。如果制作造型时擀制的面团温度变高,小心地把它转移到饼干烤盘中,在冰箱放置15分钟,然后继续进行操作。

如果已经把糖霜填充到了裱花袋中,但不会马上使用,你可以把它直立放置在一个高的饮水杯中。

如果无法把所有的白色糖霜装入挤压瓶,那么密封保存多余的糖霜,并根据需要重新填充到挤压瓶中。

把暂时不用的翻糖用保鲜膜包紧,以免它很快变干,以至于无法使用。

赌场之夜

小贴士

我用一把直尺来帮我将字浇饰成一条直线。将直尺放在你想要浇饰的饼干部位，用美工刀在每个字母的底部轻轻地做个标记。

花样小变动

你可以更改饼干上的字来制作一个令人难忘的感谢便签："T-H-A-N-K-S-！For a fabulous weekend!"（"多谢！为了一个美好的周末！"）

11 使用红色糖霜在翻糖圆片上浇饰"W-E-L-C-O-M-E"（"欢迎"），字母在每个圆片的中心。

12 在每个饼干中间靠下的位置浇饰红色的"LAS VEGAS"（"拉斯维加斯"），字母尽可能平均分布。

13 将蓝色糖霜的裱花嘴换成1号圆形裱花嘴。在翻糖圆圈的下面，浇饰出"TO OUR FABULOUS"（"来到我们神话般的"），如图所示。

14 在"LAS VEGAS"下面浇饰"PARTY"。把饼干晾干，食用前晾置至少4个小时。

模板

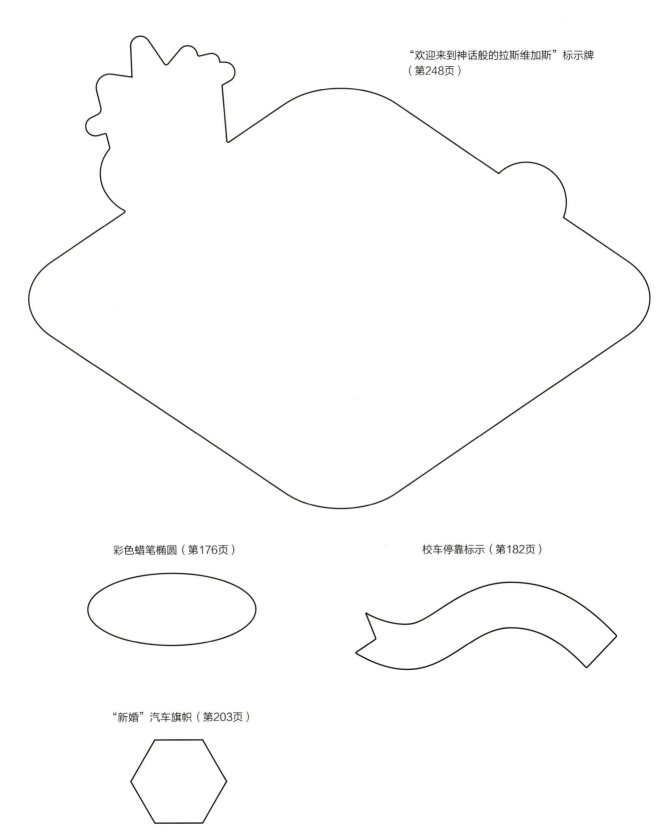

"欢迎来到神话般的拉斯维加斯"标示牌（第248页）

彩色蜡笔椭圆（第176页）

校车停靠标示（第182页）

"新婚"汽车旗帜（第203页）

画家的调色板（第234页）

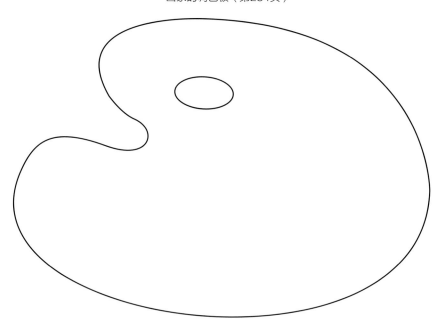

法国画家的迷你调色板（第231页）

足球五角形（第158页）

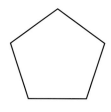

好奇的猫头鹰的翅膀（第126页）

香槟酒瓶标签（第236页）

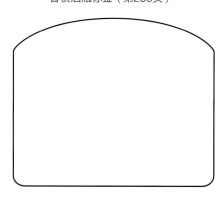

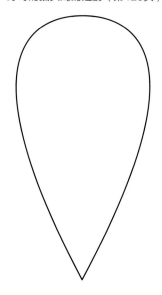

来源指南

饼干切模

安·克拉克
www.annclark.com

廉价的饼干切模
www.cheapcookiecutters.com

饼干切模商店
www.thecookiecuttershop.com

铜制品礼物
www.coppergifts.com

另辟蹊径
www.cookiecutter.com

烘烤和装饰用品

芝加哥金属
www.chicagometallicbakeware.com

国宴厨房甜食艺术
www.countrykitchensa.com

花式面粉
www.fancyflours.com

全球甜食艺术
www.globalsugarart.com

凯伦的饼干
www.karenscookies.net

亚瑟王面粉
www.kingarthurflour.com

纽约蛋糕
www.nycake.com

甜食手工坊
www.sugarcraft.com

威尔顿
www.wilton.com

连锁店/实体商店资源

大厅爱好者
www.hobbylobby.com

迈克家
www.michaels.com

桌子上
www.surlatable.com

威廉斯—索诺玛
www.williams-sonoma.com

加拿大图书馆与档案馆图书在版编目

作者：朱莉·安妮·汉森

100种最佳装饰饼干方法：750张分步制作的特色照片/朱莉·安妮·汉森

包含索引。

国际标准书号 978-0-7788-0456-7（范围内）

1.1.饼干. 2.食谱. I.题目.II.题目：百种最佳装饰的饼干.

2.TX772. H48 2013 641.86 54 C2013-902264-3

索引

A
A–B–C字母棒棒糖饼干，184
埃菲尔铁塔，226

B
斑马，132
棒棒糖饼干棒，18
包装饼干，33
包装和运送，33
保鲜膜，17
豹纹钱包，190
豹纹浅口鞋，192
豹纹印花，27
比基尼，65
裱花袋，15
裱花嘴（用于裱花袋），15
饼干。见饼干食谱，22
饼干面团，19，22
饼干切模，14
饼干食谱
    朱莉·安妮经典香草橙子甜饼干，36
    无麸甜饼干，37
    素食甜饼干，38
    全麦甜饼干，39
    黑巧克力甜饼干，40
    花生酱甜饼干，41
    佛蒙特枫糖饼干，42
    南瓜味甜饼干，43
    辣姜饼干，44
    柠檬椰丝饼干，45
    核桃坚果饼干，46
饼干装饰工具，14～18
饼干装饰技巧，22～32
饼干装饰设备，14～18
饼干装饰原料，19～21
波尔卡圆点帽，60
薄荷糖果，98

C
彩色蜡笔，176
长颈鹿，134
吃奶酪的老鼠，124
春天主题饼干，52～61
存储，23，32

D
大理石花纹，29
大赢家的扑克牌，240
蛋白糖霜，47
蛋卷冰淇淋，70
电动搅拌机，14
冬季主题饼干，85～104
冬帽，91
冬青叶席次牌，104
动物饼干，52，62，82，102，119～152
动物园里的动物饼干，132～146
赌场之夜饼干，238～250

E
鹅，130
儿童饼干，106～184

F
法国国旗，224
法国画家，231
法兰西万岁饼干，224～237
帆船，114
翻糖，20，30～31
粉红色的马提尼酒，244
佛蒙特枫糖饼干，42
服装主题饼干，60，64～69，90～93，116，168，186～192
复活节的邦尼兔，52

G
橄榄球，160
擀面杖，17
咯咯叫的小鸡，128
勾画轮廓和填充，28

H
海底世界饼干，147～153，214
海滩主题饼干，64～69，148
海豚，150
海星，148
海洋生物饼干，147～153，214
好奇的猫头鹰，126
核桃坚果饼干，46
黑板，174
黑巧克力甜饼干，40
黑色小连衣裙，188
红鼻子驯鹿鲁道夫，102
红色校舍，172
猴子夫妇，140
蝴蝶，62
胡萝卜，54
花生酱甜饼干，41
画家的调色板，234
"欢迎来到拉斯维加斯"标示牌，248
婚礼饼干，193～207
婚礼蛋糕，200

J
"击球"棒球，157
鸡与蛋，56
挤压瓶，15
季节性饼干，52～104
剪刀，16
浇饰，27～28
浇饰（技巧），27～28
浇饰袋。请参阅裱花袋
浇饰糖霜（浓稠度），23
交通主题饼干，110～115，182，203，228
教科书，178
金属光泽亮粉，21，30
鲸鱼，152

K
烤板。请参阅烤盘
烤盘，17
烤盘纸，16
可食用记号笔，18
快乐的乌龟，142
扩音器，166

L
拉拉队队长，163
拉丝，28，29
辣姜饼干，44
篮球灌篮，162